激素　小史

[美] 兰迪·胡特尔·爱泼斯坦——著

（Randi Hutter Epstein）

杨惠东——译

中信出版集团 | 北京

图书在版编目（CIP）数据

激素小史/（美）兰迪·胡特尔·爱泼斯坦著；杨
惠东译. --北京：中信出版社，2020.7（2021.1重印）
　书名原文：Aroused: The History of Hormones and
How They Control Just About Everything
　ISBN 978-7-5217-1749-5

　I.①激⋯　II.①兰⋯　②杨⋯　III.①激素－普及读
物　IV.①Q57-49

中国版本图书馆CIP数据核字（2020）第058209号

激素小史

著　　者：[美]兰迪·胡特尔·爱泼斯坦
译　　者：杨惠东
出版发行：中信出版集团股份有限公司
　　　　　（北京市朝阳区惠新东街甲4号富盛大厦2座　邮编　100029）
承　印　者：北京楠萍印刷有限公司

开　　本：787mm×1092mm　1/32　　　印　　张：9.5　　　　字　　数：180千字
版　　次：2020年7月第1版　　　　　　印　　次：2021年1月第3次印刷
京权图字：01-2020-0072
书　　号：ISBN 978-7-5217-1749-5
定　　价：59.00元

献给斯图尔特，

以及

杰克、玛莎、乔伊和伊丽莎

目
录

前言

1968年夏天，我在外婆位于纽约州扬克斯市的乡村俱乐部的游泳池旁待了很长时间。我的外婆玛莎和她的三个朋友（稳固的四人组合）会坐在树荫下打牌，喝热咖啡，抽肯特牌香烟。

我会和哥哥、姐姐一起游泳，但大部分时间会和姐姐一起晒日光浴。我们把强生婴儿油涂抹全身，脑袋钻到反光板下面。反光板是用铝箔纸包住唱片封面做成的，可以吸收更多的阳光。

在回家的路上，姐姐和我手挽着手。她的肤色总能晒得很匀称，而一头红发的我则像一个熟透的番茄，晒伤的地方第二天会脱皮。令人惊讶的是，外婆玛莎晒过日光浴之后简直就像一件古铜色艺术品，她似乎总能毫不费力地充分吸收阳光。

5年后，我们发现外婆并没有什么特别的日光浴技巧，而是患了一种内分泌疾病：艾迪生病。她的身体无法产生足够的皮质醇，这种激素能帮助身体维持正常的血压，并强化免疫系统的功能。艾迪生病的患者会感到极度疲倦、恶心，还会患上低血压，严重时甚至有生命危险。这种疾病也会让肤色更深。艾迪生病的治疗方案并不复杂，每天服用可的松药片即可。这是一种在化学成分上与皮质醇相似的激素，可以改善她的皮质醇缺乏症。

外婆出生于1900年，"激素"一词当时还不存在，直到1905年它才被创造出来。她是在20世纪70年代确诊的，那时科学家已经有办法检测她的激素水平了，并且能精确到几十亿分之一克。

1855年，知名生理学家克劳德·伯纳德发现肝脏似乎能阻止血糖水平的剧烈波动。当时他已经对消化过程有了充分的研究，并发现胰腺能产生分解食物的液体。为了证实自己的猜想，伯纳德给狗喂食不含糖的肉类饲料，然后将狗杀死，并立即从狗的尸体中取出尚有余温的肝脏，每隔几分钟测量一次其中的糖分，持续监测了几个小时。让他欣喜的是，肝脏中的糖含量在狗刚死时几乎为零，但随着时间的推移却有所增加。（尽管狗的生命已经结束，但它体内的肝脏和其他器官在一段时间内仍然保持运转，这也是器官移植能够成功的原因。）

伯纳德告诉他的同事，肝脏中一定有某种能够储存和产生糖分的化学物质。他也指出，所有器官（不只是肝脏和胰脏）都会释放让身体保持稳定运转的物质。他把这些化学物质称为"内部分泌物"，这是一种看待身体工作方式的全新思路。

许多历史学家都把伯纳德看作内分泌学之父，但我不这样认为。

真正的内分泌学奠基者会认识到，这些化学物质不仅仅是身体内的分泌物，它们的作用比伯纳德所理解的重要得多。它们会唤起体内的功能，激发靶细胞中的受体，并打开生理机能的开关。

于是，我开始着手钻研激素的发现与应用。在过去的一个世纪里，有很多关于激素的伟大发现，也不乏令人气愤的误导。20世纪20年代，胰岛素的发现和使用让糖尿病从绝症变成一种慢性病。20世纪70年代，甲状腺素筛查使成千上万的新生儿免受日后智力低下的折磨。但与此同时，医学界也犯下了不少荒谬的错误。比如，他们认为输精管切除术能让衰老的男性重振雄风，这一误解自20世纪20年代中期起持续了近10年。

本书的主人公不仅包括大胆进行科学研究的医生，也包括绝望的父母：20世纪早期，在复杂的成像技术出现之前，一位神经外科医生通过手术切除了病人脑中的一部分腺体，试图根治一种由激素过量引发的疾病；20世纪60年代，一对父母寻遍了美国所有的病理学实验室和停尸房，只为找到可以让他们孩子长高的生长激素。本书也将讲述好奇的消费者如何不惜一切代价想找到能让自己活得更久或感觉更好的激素疗法。我们的故事将从19世纪末的医生讲起，他们对尸体中的腺体进行探索，甚至铤而走险去盗墓。最终，故事将以科学家的研究结尾，他们沿着激素的路径摸索，终于确定了制造和调控激素的基因。

我们是如何知道生长激素的作用不只是帮助我们生长的？我们是何时发现是大脑中的激素在控制睾丸和卵巢的？新近发现的饥饿激素能否说明贪吃不是因为意志力薄弱，而是因为某些化学物质在起作用？如果真是这样，两者之间有什么区别？毕竟，人是许多化学反应的产物。睾酮凝胶在年老的男性中流行是怎么回事？用激素替代疗法治疗女性绝经又是怎么回事？

本书从激素进入人们的视野之前讲起。19世纪，能够分泌化学物质的腺体开始引起医生的兴趣。20世纪初期，科学家通过研究发明了"激素"的概念。到20世纪20年代，内分泌学从一门晦涩的学科一跃成为最火爆的医学专业，除了胰岛素，雌激素和孕激素也被成功提取出来。与此同时，各种稀奇古怪的疗法兴起，并被大肆宣传。

如果说美国咆哮的二十年代是内分泌学登台亮相的时期，让我们见识到形形色色、真真假假的激素疗法，那么20世纪30年代就是内分泌学登上科学宝座的时期。生物化学中的三个关键发现让人们抛弃了多年来抱持的错误观念。人们一度以为雌激素与雄激素的结构大相径庭，但研究发现它们的区别仅在于一个羟基（由一个氢原子和一个氧原子组成）。所以，雌激素与雄激素就像穿着不同衣服的异卵双胞胎。接下来，科学家成功地从马的尿液中提取出雌激素，但尿液不是来源于母马，而是种马。此前人们误以为分泌雌激素的只有卵巢，分泌雄激素的只有睾丸。这个发现让人们意识到，不同的性腺都能产生这两种性激素。科学家也曾认为雌激素与雄激素的作用是相互对立的，但事实并非如此，这两种激素常常相互配合在身体里产生反应。

以上发现使得人们对激素的看法更加多元和全面，科学家不再只研究单一的激素，而是试图了解它们之间的相互作用。

20世纪下半叶是大丰收的时期。科学家找到了测量激素水平的有效方法，这在以前是不可想象的。虽然激素的作用强大，但它们在身体里的含量非常低，以至于人们一度以为无法检测。很快，避孕药获批上市，更快速有效的验孕手段被发明出来，瓶装的激素药物也被用于治疗绝经。但是，这种新技术带来的喜悦并没有持续多长时间。随着激素药物的迅速流行，其副作用也日益显现出来。致命的脑卒中似乎与激素药物的使用有关，激素替代疗法曾被视为医治老年慢性病的万能药，但它的作用其实并不像新闻里标榜的那么神奇。今天，我们对激素疗法持更加谨慎的态度，还有许多谜题待解。

我们应该如何平衡其中的利弊？关键不在于停止宣传永葆青春的秘诀（这是老生常谈的问题，从未真正被根除），也不在于倡导纯天然的生活方式（毕竟激素是我们身体的一部分，也是体内的自然化学反应）。本书将带领读者了解我们体内激素之间复杂的相互作用，以及身休对不同激素的反应。

我的母亲最近告诉我，在外婆玛莎确诊的几周前，跟她一起打牌的姐妹说外婆特别容易疲劳，打到一半就会睡着。1974年感恩节前的那个周一，她来到我家后便安静地坐在沙发上，而没有像往常那样用勺子试汤，然后皱着眉头说盐放得太少了。（我们后来知道，嗜盐是艾迪生病的症状之一。）她也没有和我们聊八卦或抱怨什么，甚至没有力气去门廊外抽烟。我母亲吓坏了，赶紧给医生打电话。

医生也不知道是哪里出了问题，但由于外婆的脾气变化很大，他还是让外婆先住院，做些检查再说。等到外婆坐着轮椅被推到病床边时，她已经虚弱得连叉子都拿不住了，我母亲只好喂她吃饭，并因此发现外婆的舌头像炭一样黑。（母亲怀疑内科医生是不是真的给外婆做了检查，怎么连这么明显的症状都没看见？）

　　我的父亲是一位病理学家，他把外婆的所有症状梳理了一下——舌头发黑，皮肤呈古铜色，极易疲劳——于是猜到她可能患上了艾迪生病。他坚持让外婆做了激素测试，结果显示她的皮质醇含量极低。

　　那时，除了知道约翰·肯尼迪得过同样的病以外，我对她的病症完全不了解，还一度认为她得的是"总统病"。我母亲对外婆的叮嘱伴随着我的整个童年："妈，别忘了吃可的松。"这种药需上午服一片，下午服一片。那时的我不太理解艾迪生病为什么是一种内分泌疾病，因为对我来说，激素只跟胸部发育、来月经和性生活有关。

　　当然，激素的作用远不止这些，它们强有力地控制着新陈代谢、行为、睡眠、情绪、免疫系统、战或逃反应等。所以，从这个角度看，本书是一本生物化学方面的科普读物，讲述着任何能呼吸、有情绪的生物个体的故事。本书不仅介绍了激素的历史，还介绍了科学发现与谬误，以及孜孜不倦的科学家如何给人类带来希望。从这几方面看，本书剖析了我们从内到外之所以是人类的原因。

第 1 章

分泌激素的腺体：胖新娘的故事

胖新娘下葬之后，盗墓者一天也等不及，连夜来挖掘尸体，想要运给科学家。1883 年 10 月 27 日，巴尔的摩市奥利维山公墓里，只听到守墓人的枪声划破夜空，吓得盗墓者带着铁锹和铲子落荒而逃。刚过了一个小时，守墓人又用枪声赶走了另一伙人。新闻里说法不一，有的说子弹打中了两个盗墓者，有的说一个也没打中。但不论怎样，每个人都活着。当然，只有胖新娘还躺在墓地里。

如果有人觉得他们能把布兰奇·格雷整个挖出来，那就太天真了。因为她足足有 517 磅①重，所以又被称为"胖新娘"。先不说别的，要把她绑到木板上，扛下三级楼梯，再抬上殡仪车，最后埋

① 1 磅≈0.45 千克。——编者注

到6英尺①深的地下，就得十几个壮汉合力才能完成。由于她的遗体是被觊觎已久的医学宝藏，所以守墓人在下葬的那晚便严阵以待，在墓地旁一所房子的二楼死死盯着，确保一切都发生在他的眼皮底下。另外，守墓人并不是孤军作战。还有两个守卫持枪轮流值岗，随时准备扣下扳机。

《复活者》

纽约医学院藏品，纽约医学院图书馆供图

---

① 1英尺≈0.30米。——编者注

　　胖新娘布兰奇·格雷出生于底特律。她出生时就重达12磅，不到12岁已经长到了250磅。她的母亲在生产不久后就去世了，她的父亲和两个兄弟觉得她不可能嫁出去，只会在家混吃等死。但格雷可不这么想，她要努力为自己闯出一片天地。她决心离开这个家，越远越好，远离家人的歧视和医生对她的好奇心。尽管她想避开人们的目光，但她最终还是选择了一份让她"备受瞩目"的职业。

　　17岁时，格雷登上了去往曼哈顿的巴士，加入了一个畸形人表演剧团。她坐在其他"畸形人"旁边，这里有长胡子的女士、侏儒、巨人，还有各种各样奇怪的人。她觉得观众会为她庞大的体形买单。他们有时住在像山洞一样的大房间里，有时挤在游乐场的过山车后面。精明的商人把这个满足人们猎奇心理的表演包装成教育式的展览。

　　这个展览将形形色色的人聚集一堂，不仅满足了大众的好奇心，还吸引了一大群生理学家、神经学家和生物化学家。他们试图证明畸形人之所以长成这个样子，并非因为人们以为的道德败坏或上天的惩罚，而是因为身体残疾。如果科学家能搞清楚畸形人为何畸形，他们就能知道正常人为何正常了。

　　如果格雷能晚100年出生，活在20世纪下半叶，那么也许医生会做些检查，看看她的肥胖是不是激素异常导致的，比如甲状腺素或者生长激素异常。如果她有幸出生在2000年左右，她就能接受内分泌医生的检查，分析她的瘦素和饥饿激素。医生可能会怀疑她的母亲患有糖尿病，糖尿病是一种内分泌疾病，患者生出肥胖婴儿的概率更大。不仅如此，因为医生具有丰富的内分泌知识，所以会检查格雷的其他可能的病因。新生儿甲状腺素不足的问题如果得不到及时解决，不仅会导致其体重增加，还会引起认知功能障碍和皮肤干燥。

可是，格雷出生在19世纪。

格雷并不是唯一一个得这种病的人。1840年，也就是她去世前约40年，另一位女士因为所谓的"致命肥胖"过世，尸检结果发现她脑中的肿瘤正在蚕食某个腺体。之后不久，人们还发现一名10岁大的患发育障碍的肥胖儿童的喉部缺失了某种腺体。格雷的死因是腺体问题吗？

到纽约后不久，格雷就以"胖女郎"的形象在博物馆①表演，一周能挣25美元。和事业一起飞速发展的还有她的爱情，售票员戴维·摩西爱上了她，但戴维一周的工资只有5美元。约会几次后，戴维向格雷求婚，并提出想担任她的经纪人。格雷都答应了。戴维当时25岁，而格雷只有17岁，但格雷谎称她18岁。婚礼在纽约市的简易博物馆举行，戴维向外出售婚礼门票。博物馆的入口处挂着横幅，上面写着："世界上最胖的女人布兰奇·格雷将在舞台上结婚，就在今晚9点！"为了确保婚礼的门票能卖光，戴维在当地的报纸上发了很多广告。广告甚至把布兰奇称为"19世纪的奇迹"。

《巴尔的摩太阳报》称布兰奇为"沉重的新娘"。《纽约时报》

---

① 该博物馆位于包厘街210号，1930年被改造成梦露酒店，用于接待滑雪爱好者。2012年又被改造成一座豪华的高层建筑。

调侃她是最"重"要的另一半，因为她"足足有517磅，根据引力法则，重量大的物体自然会吸引重量小的物体"。《泰晤士报》称她为"脂肪怪兽"。

婚礼结束后，戴维立刻产生了新的想法：把格雷的艺名从"胖女郎"改成"胖新娘"。他觉得这能让她脱颖而出，因为"胖女孩"和"胖女郎"太常见了，而"胖新娘"可能仅此一个。由于胖新娘嫁人的媒体热度实在太高，来看她的人络绎不绝，大家都愿意为此付费。戴维因此赚了一大笔门票钱。第二天一早，这对新婚夫妇就在纽约市人来人往的街道上表演。戴维还预约了接下来在巴尔的摩简易博物馆和费城黑格坎贝尔赌场的演出。

刚开始，一切看起来都出人意料地顺利。简易博物馆为所有人提供了免费住宿，不只是这对新婚夫妇，还包括婚礼助手：无臂侏儒、大胡子女士、白摩尔人。当地人把这里叫作"奇葩住所"，但美中不足的是，格雷爬不上位于博物馆三层的蜜月套房。博物馆不得不备好升降机和工人，帮助她上楼。戴维觉得胖新娘上楼就像一场演出，也应该收门票。

然而，接下来的几天，事情开始变得不对劲儿。观众抱怨胖新娘的眼睛老是闭着。大胡子女士发现格雷的皮肤发紫，还带有斑点，她有些担心。丈夫戴维嘴上说会好好照顾她，但完全没意识到他妻子的病有多严重。尽管格雷的表现不尽如人意，但《巴尔的摩太阳报》上的她"既开心又愉悦"，甚至"让博物馆里的老骨头们都忍不住抛媚眼，这让她的老公吃醋不已"。

几天后，格雷去世了。戴维既震惊又疑惑。戴维当晚睡得很熟，但他早上 7 点左右醒了一次，因为格雷翻了一次身。那时格雷的呼吸声听起来很费力，但戴维只是亲吻了她，便继续倒头大睡。一小时后，他被经理的敲门声吵醒。起床前，戴维看了一眼妻子，发现她已经停止了呼吸。

格雷的死讯登上了报纸头条，就像她的婚礼一样备受瞩目。《巴尔的摩太阳报》刊文称"世界上最胖的新娘离世"。《芝加哥每日论坛报》则称"肥胖杀死了她"。就连《爱尔兰时报》也刊出了报道，名为"一个胖女人的猝死"。

来围观格雷下葬的人络绎不绝。买东西的妇女惊得丢掉了手中的菜篮，女孩奋力挤到人群前面，男孩则爬到电线杆上，左邻右舍把头探出窗外，大家都想亲眼看看这荒谬的一幕：一辆手推车载着一个胖到变形的女士从"奇葩酒店"出来，旁边是哭得十分伤心的独臂女郎、大胡子女士，还有马戏团的其他工作人员。这让在场的人以为葬礼只是他们的另一场表演，《巴尔的摩太阳报》报道说观众们在嬉笑中相互推搡。

格雷的悲剧是美国镀金时代的缩影：观众对畸形人好奇而鄙夷的心态助长了这种表演形式，媒体则进一步将其放大。媒体称戴维通过贩卖格雷的遗体照片牟利，一角钱一张。尽管有关格雷报道的故事性远大于真实性，但没有人注意到，她死后所受的待遇和生前毫无差别。她的死更像一场媒体的闹剧，没有人把她当作一个有血有肉的人。她看起来更像媒体的噱头和公众茶余饭后的谈资。

格雷的故事并不只是在告诉人们要把名利看作身外之物，它更预示着19世纪医学的开端。格雷去世的时间正值科学家着手揭开内分泌系统谜题之际，他们将发现体内器官神秘的分泌物——激素。为什么有的人脂肪过多、毛发过剩、体形过大或过小？在格雷去世的几年后，激素的发现将一一解答这些谜题。也是在那时，人们对激素的认识进一步推动了救命良药的研发，比如可治疗糖尿病的胰岛素。

激素研究能帮助我们了解体内的化学运作机制。其中不仅包括身体发育，还包括精神发育。愤怒是由什么导致的？母婴之间的情感联结是由什么促进的？爱和情欲也是由我们体内的化学反应控制的吗？除了内分泌学以外，也许没有其他医学学科能够研究如此包罗万象的话题了。

从化学角度来说，激素由氨基酸环状链或碳原子环构成，旁边附着一些零散的结构。但如果从如此微观的角度解释激素，就相当于把足球运动说成是在长为110米的矩形草地上来回踢一个球形的皮质充气物。这样的解释远不能描述如此微小的结构为何能实现如此复杂的功能，并产生如此深远的影响。

如果把身体比作一条宽敞的信息高速公路——来回输送各种信息，那么神经系统就像人为操控的一个老式接线板。它连接了来往的线路，传递着信号。神经元的通路首尾相连，但激素完全不一样。它们的工作方式和身体里的其他物质大相径庭，简直就像魔法。激素位于身体某一处的细胞中，但能对远处的受体起作用。它们之间不需要任何连接，就像无线网络一样。举个例子，大脑分泌的激素，只需一小滴，便可以激发睾丸或者卵巢的反应。

相反，其他化学物质则需要长距离运输，比如氧需要通过血液输送到身体各处。但氧不是通过腺体释放的，也不像激素一样会作用于特定的受体。

人体有9个关键的腺体，分布在从头到生殖器的身体各处，它们包括：位于头部的下丘脑、松果体、垂体，位于喉部的甲状腺及其背面的甲状旁腺，胰腺里的胰岛，肾脏顶端的肾上腺，卵巢，睾丸。20世纪早期，科学家从狗的大脑里切除了产生激素的腺体，再将激素分泌物注射到狗的身体里。他们发现狗又恢复了正常，而且不管注射的位置如何，效果都一样。科学家就是这样发现激素的，这个过程让科学家感到非常惊奇。科学家也发现，我们身体的每一个细胞都有标记，就像电脑的路由器一样，精准地指引着激素信号应该往哪个方向去。

他们还发现，激素很少孤军奋战，在大多情况下都是相互作用的。一种激素的含量变化会引起其他激素的变化。就像多米诺骨牌一样，牵一发而动全身。另外，不同激素在某些方面非常相似，就像亲兄弟一样。但它们在某些方面又大不一样，也许用表兄弟来形容更恰当。

腺体的功能很简单，就是分泌激素。但激素的功能则复杂一些，即保持身体的稳态。

激素控制着生命活动的一切：生长、新陈代谢、行为、睡眠、泌乳、压力、情绪变化、睡眠节律、免疫系统、求偶、攻击、逃跑、青春期、养育、性。当身体的平衡被打破后，激素就会尝试找回平衡。但有时候，激素也可能是让人失控的罪魁祸首。

内分泌学直到 19 世纪才作为一门科学出现，相较其他伟大的医学发现晚了很多年。早在 17 世纪，科学家就发现了血液循环的规律，并且对人体解剖有了较为完善的了解。

直到 18 世纪中期生理学和化学出现之后，激素才被发现，并由此产生了一门新的人体学科。科学家并没有浅尝辄止，也没有将目光只放在血液和神经通路上，而是像地图测绘师一样，不断挑战新的知识边界。科学家开始思考身体里的化学物质的作用，并将经验总结成理论，描述它们对健康和疾病的影响。于是，医学变得越来越严谨。1894 年，现代医学之父威廉·奥斯勒表示："如果没有生理学和化学，内科医生的药学理论就只是纸上谈兵，这种研究目的不明确，对疾病的认识也不正确。"

在 20 世纪后期，我们认识到激素的运作取决于免疫细胞和大脑中的化学信使，而激素反过来也会影响它们的功能。我们体内的防御细胞和脑细胞信使需要依靠激素才能正常工作，这个系统的复杂程度远超人们的想象，我们至今仍未完全搞明白。

在布兰奇·格雷的时代，科学家才刚刚着手研究激素。那时的医学发展就像一个青春期的孩子，莽撞、骄傲又天真。道德委员会的评审和签署知情同意书的要求重塑了 20 世纪的医学实验标准。但在那个年代并没有这些条条框框的约束，科学家可以按照自己的想法设计实验。大胆的科学尝试层出不穷，新奇的发现也接踵而至。早期的研究因为缺乏监管，出现科学突破的速度要比现在快得多。如今，人们制定了详细的规则，以确保病人的权益得到保障。

其实，不论实验监管程度如何，结果是否顺利，新的理念总是需要时间才能成熟。它们有时甚至会几十年里没有进展。达尔文花了好几年时间讨论和完善进化论，终于在1859年发表。罗伯特·科赫也是，他的细菌理论发表于19世纪80年代，而在这之前，他在欧洲的实验室花了很长时间收集证据，以确保理论的可靠性。

同样，激素的发现也不是一蹴而就的。激素理论和细菌理论出现在同一时代也许并不奇怪，因为尽管它们看起来风马牛不相及，但它们解释的都是体积微小而影响巨大的物质。

几个世纪以来，治疗师一直都在记载卵巢和睾丸分泌物的疗效。他们对脖子里的甲状腺和肾脏上方的肾上腺也十分好奇，它们一定有一些特殊功能。到底是什么呢？

第一个真正意义上的激素实验是在1848年8月2日进行的。阿诺德·贝特霍尔德（Arnold Berthold）医生在德国哥廷根自家后院里养的6只公鸡身上做了实验。那时候不少科学家都对睾丸产生了兴趣：它们到底能不能产生让人返老还童的精华？这些液体是如何产生作用的？如果把睾丸移植到身体的其他部位，它还能发挥正常的功能吗？

贝特霍尔德将六只公鸡分成三组，每组两只。他将第一组公鸡的一个睾丸切掉，将第二组公鸡的一对睾丸都切掉，并将第三组公鸡的睾丸互换。互换的方法比较奇特：先切除两只公鸡的睾丸，然后将切下来的一个睾丸植入对方体内。虽然第三组的公鸡身上仍有一个睾丸，但数量和位置都改变了。

实验结果发现，第二组公鸡（睾丸全被切除的那一组）表现得又懒又尿，贝特霍尔德认为它们的行为变得像母鸡一样。它们鲜艳的头冠逐渐褪色，并且不断萎缩。同时，它们也不再向母鸡示好。相比之下，那些还剩下一个睾丸的公鸡的表现则跟手术前一样。它们仍然雄赳赳气昂昂地漫步，总想找母鸡寻欢作乐。将这些公鸡解剖后，贝特霍尔德发现它们仅存的那个睾丸的体积都增大了。他认为，这可能是因为被保留的睾丸试图补足被切除的睾丸的功能。

最令人惊讶的事情发生在睾丸互换的第三组公鸡身上。贝特霍尔德想知道睾丸是不是在任何地方都能起作用，事实证明的确如此。他将一只公鸡阉割后，又在它的肠道间移植了一个睾丸。它的两腿之间空空荡荡的，肚子里却长着一个孤独的睾丸。这只鸡做手术的时候只有三个月大，又胖又懒，但术后却成了羽翼丰满的"浪子"，头冠通红。贝特霍尔德在另一只鸡身上重复了睾丸移植手术，也产生了同样的结果。贝特霍尔德写道："它们风骚地喔喔叫，对母鸡想入非非，还经常找其他小公鸡的碴儿。"他认为，如果把这些鸡的肚子切开，一定能看到错位的睾丸和身体组织之间连接着神经。然而，和他想的不一样的是，错位的睾丸旁边只有血管。贝特霍尔德在 4 页纸的报告里，首次解释了激素是如何发挥作用的。他认为，睾丸会向血液中释放某种物质，这种物质会被血液输送到全身，并到达特定的目的地。他的想法是正确的，激素就像射出的箭一样，从身体某处释放出来，准确地到达靶心，即身体的作用部位（贝特霍尔德没有使用"激素"一词，因为这个词直到半个世纪后才出现）。但他的观点没有引起多少关注。激素科学的美妙本来可以从那时起就散发魅力，但却错失了机会。

科学不只是做实验，也包括寻找线索、机会和意义，以及追随灵感。贝特霍尔德的公鸡实验本可以成为开创先河的案例，彻底改变科学界对内分泌的看法。他把他的想法以"睾丸移植"为题，发表在《米勒解剖学与生理学档案》上。可是，对此感兴趣的人寥寥无几，他只好转向别的研究项目。在《激素探奇》一书中，阿尔伯特·梅塞尔说，这就好比哥伦布在发现了美洲之后，却打道回府去研究马德里的街道。

在贝特霍尔德之后，还有很多人埋下了希望的伏笔，为内分泌科学的建设添砖加瓦。伦敦外科医生托马斯·柯尔林检查了两具有肥胖和低能症状的女患儿的尸体（一具6岁，另一具10岁），想弄清楚是不是什么身体缺陷导致了她们的病症。他发现这两具尸体都没有甲状腺，这促使他发表了一篇探讨甲状腺与精神障碍之间联系的文章。同样是在伦敦，托马斯·艾迪生认为肾上腺缺陷和一种新型疾病有关，患者会因此感到疲倦，并且身上长有奇怪的棕色斑点。这种病后来便以他的名字命名为艾迪生病。一位来自英格兰北部的内科医生乔治·奥利弗出于好奇，从肉贩那里拿回了牛和羊的肾上腺，喂给他的儿子吃，结果导致他儿子的血压飙升。惊喜之外，他和一位伦敦科学家合作在狗身上开展了实验，并验证了在他儿子身上的发现。神秘的肾上腺分泌物后来被称作"肾上腺素"。

尽管各种各样的实验遍地开花，但没有人能把各种线索拼凑在一块，综观全局。19 世纪的人们没有意识到，这些能释放化学物质的不同腺体有着共同的特征。因此，也没有哪门正式的学科是专门研究它们的。各个领域的科学家只是各自研究着腺体的个别作用。上文提到的肾上腺、睾丸、甲状腺的研究者，甚至不知道彼此的存在。

任何一个学科都不是随随便便诞生的。要想开创一门学科，人们需要互相合作，将不同的实验放在一起比较，然后厘清不同行为间的共通模式，再把它们整合成一个学科，并统一命名。这需要对无数个像布兰奇·格雷这样的人进行研究，把他们从墓地里挖出来并送到科学家的实验室里。来自巴尔的摩、纽约、波士顿、伦敦等地的学者也在各自的岗位上贡献着他们的力量。生理学家、神经学家，还有化学家，他们都需要充足的样本来研究腺体和腺体的分泌物。他们也需要建立统一的学科，使得科学家和内科医生能碰撞出思维的火花，并通过药品测试来开发药物，治疗需要它们的人。这一切都发生在 20 世纪初。

至于布兰奇，她将安静地长眠于地下，免受被送往巴尔的摩实验室之苦。尽管后来还有好几次盗墓事件发生，但均未成功。如果有人能对她的尸体进行检查，他们就会发现她的器官遍布着金色的脂肪球，像秋天堆积的树叶一样。研究者可能会拨开脂肪层找到她的脑垂体或者甲状腺。他们也许会发现她的腺体尺寸过大或过小。布兰奇很可能成为一个科学奇观，被摆在高大的人体骨架旁边，为科学家的研究提供动力，但她不一定能提供一个好的答案。

第 2 章

激素的诞生：棕色猎犬雕像

1907年11月20日，几个英国医学院的学生在暗夜的掩护下行色匆匆，他们要去巴特西摧毁一座为狗设立的纪念碑。那晚的雾特别大，即使是在雾都伦敦，也算得上大雾了。他们觉得迷雾给他们的破坏行动提供了便利条件。

这座高约2.3米的纪念碑被设计成喷泉的形状，它有两个出水口，高的出水口供人使用，低的给宠物用。让这些学生气愤的是纪念碑底座上雕刻的文字：

> 这座纪念碑是为了怀念1903年2月在"大学学院"实验室里牺牲的棕色小猎犬。它忍受了长达两个月的活体解剖实验，并被一个又一个解剖者反复折磨，直到死亡让它得到解脱。这座纪念碑也是为了纪念1902年在此地遭到活体解剖的232条狗。英格兰的人们啊，这样的暴行还将持续多久？

在那个世纪之交，动物维权人士建起了这座雕像，并把它命名为"棕色猎犬"。他们用它来表达对动物实验的愤怒。让医学院学生不满的是，雕像虽然没有指名道姓，但所有人都知道它是在抨击伦敦大学学院的两位教授，也是他们的恩师。威廉·贝利斯和欧内斯特·斯塔林曾在一只棕色猎犬身上做过实验。

本该有几百人来参加这个雕像的"拆除仪式"，但大多数人在最后关头都退缩了。只有7名学生从伦敦中部的大学跨过泰晤士河，来到巴特西。这是一个工人阶级聚居的小区。一位历史学家曾说，那是一个"尽可能不要路过的地方"。

他们到达伦敦南边，鬼鬼祟祟地向雕像走去。但越接近雕像，他们就越担心被街坊邻居或者警察发现。等他们到了棕色猎犬雕像附近后，便躲在周围的椅子和灌木丛后面。其中一个叫阿道夫·麦吉力卡迪的学生从灌木丛中跳出来，四下张望并确定没人之后，高高地举起一根棍子，用力挥向棕色猎犬的爪子。可棍子刚刚插入猎犬雕像的脚趾，麦吉力卡迪就听见了脚步声。是警察！他迅速逃离了公园。

就在这时，第二批学生赶来了，这次有25人。他们虽然犹豫不决，但最终还是来了，只是来的时间不凑巧。第一批学生十分小心，尽量不惊动附近的居民。但新来的这些学生十分喧闹，好像生怕别人不知道他们来了。第二批学生中的邓肯·琼斯拿着锤子挥向雕像。他还没来得及挥舞第二下，两个便衣警察就将他制服了。9名学生跟着去了警察局，想要付赔偿金了事，但警察把他们也逮捕了。

位于拉什米尔花园的原棕色猎犬雕像
伦敦惠尔康图书馆供图

最终，学校替他们交了保释金。尽管他们第二天一早就承认
了恶意损毁公共纪念碑的罪名，但他们认为自己是在维护伦敦大
学学院的名声。这座雕像下方的碑文意图很明显：把研究人员刻
画成动物虐待狂。就像戴维·格里姆在《犬民》一书里写的一样：
"几百年来，无数猫狗魂魄的积怨终于达到了巅峰。"

即使是那些支持犬类实验的人，也无法容忍这些学生损毁公
物的行为。当地的报纸批评道："不能因为这些学生家境富裕，上

得起医学院就放过他们。"警察局罚了每人5英镑,并警告他们,如果胆敢再去破坏棕色猎犬雕像,就把他们通通扔进监狱并强制服劳役。最终,纪念碑毫发无损,棕色猎犬看起来得意扬扬。

第一次行动的失败不但没有打击学生们的信心,反倒是激发了他们的愤怒。那天晚上,一群年轻人涌进了特拉法加广场高声抗议:"拆掉棕色猎犬雕像!"他们的游行队伍长驱直入,经过了伦敦市中心。这一次,学生队伍的规模呈几何级数增长。其他医学院的人也蜂拥而至,包括查令十字医院、盖伊医院、伦敦大学国王学院和米德尔塞克斯医院。

一位碰巧路过的老人回忆说,他感到有什么东西在蹭他的肩膀,转过身才发现是一只固定在棍子上的毛绒玩具狗。接着,他看到一大群愤怒的人拿着动物玩具在游行。他不禁问,这是怎么了?

"大叔,那些人在抗议棕色猎犬雕像。"一位当地的警察解释说,"他们上街游行是因为他们的教授对狗做了什么事情,叫'活体解剖'还是什么来着,然后有位女士在巴特西为狗修了座雕像,她说狗被虐待了,还说教授犯了法。但是,这些年轻人认为这是一种侮辱,就上街来闹事了。"

这场闹剧和其他反政府的社会活动比起来可能微不足道。但历史学家发现,所谓的"棕色猎犬事件"给科学界带来的影响远比任何人想象的都大。

20世纪早期,威廉·贝利斯和欧内斯特·斯塔林向世人证明了一个曾经不被认可的理念:所有腺体(分布在身体各处的细胞簇)

都具有相似的工作原理。胰腺、肾上腺、甲状腺、卵巢、睾丸、垂体，这些腺体不应该被各自独立地看待，它们都属于一个更大的系统。为了证实他们的想法，贝利斯和斯塔林做了那时的所有科学家都会做的事情：在狗身上进行活体实验。他们在1903年某个下午用来做实验的那只杂交小狗，最终成为雕塑造型的灵感来源。在一系列机缘巧合之后，这个雕塑成为指责不端的科研行为的象征，也恰巧成为一项伟大的科学发现的见证者。这两位教授给反动物实验主义者的怒火淋上了汽油，但也探索了内分泌学的雏形。棕色的猎犬雕塑既象征着用于课堂展示的那只狗，也被用来教授学生一个新的理论和科学名词——激素。

　　斯塔林和贝利斯虽然在工作上很合得来，但他们在其他方面很不一样。斯塔林成长于工薪家庭，而贝利斯则相对富有。斯塔林拥有一张电影明星的脸，长着一头浓密的金发、棱角分明的五官，还有一双犀利的蓝眼睛。贝利斯则看似一个流浪汉，穿着脏乱的衣服，脸又瘦又长，还蓄着邋遢的胡子。据他儿子说，他从来不刮胡子。斯塔林乐观开朗，爱好交际，有些浮躁，只看重结果。贝利斯则小心翼翼，内向而细腻，享受过程的美好。据说贝利斯工作十分认真，甚至为了能准时参加生理学会议而拒绝出席白金汉宫的封爵仪式。这两位科学家因为婚姻结缘。贝利斯娶了斯塔林的妹妹格特鲁德，她的长相和哥哥一样出众。斯塔林则娶了一个富有的女人——弗洛伦斯·伍尔德里奇，他曾经的导师伦纳德·伍尔德里奇的遗孀。

　　他们两人在研究激素之前就已经是知名生理学家了。他们做过心脏研究，并发现了斯塔林法则，这个法则阐述了器官收缩和扩张的原理。他们也研究过免疫细胞在身体里的运输问题。他们还研究过肠道如何通过有节律的收缩运送食物，并将其命名为"环压"（peristalsis，希腊语中"peri"意为环绕，"stalsis"意为挤压）。

受到俄国同行伊万·巴甫洛夫（Ivan Pavlov）的影响，这两位生理学家将研究重心从体内器官的工作原理转移到分泌物上。巴甫洛夫用狗做实验，并演示了成果。这个实验不仅吸引了贝利斯和斯塔林，让他们投身于内分泌研究，最终还促使他们去验证巴甫洛夫提出的新理论：神经会把内脏发出的信号传递到胰腺，并促进化学物质的释放。

1902年1月16日，贝利斯和斯塔林开展了一项非常简单的实验。他们先将狗麻醉，再将其内脏附近的神经移除。如果没有神经元传递信号，胰脏还会分泌消化液吗？如果胰脏继续分泌消化液，就说明内脏发出的信号不是由神经传导的。如果胰脏停止分泌消化液，巴甫洛夫的理论就是正确的：信号通过神经元传导。

贝利斯和斯塔林给狗喂食了一大坨酸性糊状物，用来模拟消化后的食物。尽管这条狗内脏周围的神经已被全部切除，但胰腺仍在高效地分泌消化液。他们认为，一定有某种未知的化学物质将信号传递给胰腺，而这种物质不可能是神经元。

接下来，他们将狗的一段大肠切下，并将其与酸混合。和之前的实验一样，这一操作也是在模拟消化后的食物。但这次他们没有把"食物"喂给狗，而是将其注射到狗的静脉里，彻底避免与胰腺旁的神经接触。

令人惊喜的是，实验结果和上次一样。新实验不但证实了上一次的结果，还帮助他们从大肠中分离出促进胰腺分泌消化液的物质。他们认为，胰腺并不是根据神经信息分泌消化液的，而是通过某种"化学反射"实现的。斯塔林把这种肠道分泌物命名为"促胰液素"。

未来的某天，人们会发现促胰液素是第一种被成功分离出来的激素。

其实，巴甫洛夫也做了一个类似的实验，他试图通过移除肠道周围的神经证明自己的猜想。但当他发现胰腺仍在分泌消化液时，他认为这是因为他没有把神经去除干净。他坚信让胰腺分泌消化液的信号是通过微小的神经元传递的，只是他没有看见。尽管两个国家的科学家做了相同的实验，但他们对结果的解读却截然相反。

虽然数据和事实都证明信号不总是通过神经元传递，但和大多数科学家一样，巴甫洛夫无法改变他固有的观念。他的想法一半是对的，一半是错的。内脏发出的信号引起了胰液分泌，但神经元不是信号传递的唯一途径。虽然巴甫洛夫没能发现激素的奥秘，但他仍然因为在消化系统方面的研究获得了 1904 年的诺贝尔生理学或医学奖。他也因为做了让狗对着铃铛分泌唾液的实验而名垂青史，虽然他并没有因此获奖，但这一反应被命名为巴甫洛夫条件反射。

贝利斯和斯塔林于 1902 年向英国皇家学会的同事公布了他们

的新发现。他们在报告中称，"至今无法通过刺激迷走神经使胰腺分泌消化液"，迷走神经是一条从喉部延伸到腹部的神经。他们还补充道："因此，我们十分怀疑刺激胰腺分泌消化液的神经到底是否存在。"

他们居然敢怀疑巴甫洛夫的观点，这可是对备受尊敬的俄国同行的大不敬。化学信号通过神经传播是一个早已被接受的观点。如果不是神经，会是什么在传递身体内的信号呢？没有人相信，身体里的某种神秘的化学物质是不需要借助神经来传递信号的。让人们相信这一点，还不如告诉保罗·里维尔①，人们有一天能靠发送电子邮件相互交流。当时的人们认为，身体里一定有某种细小的神经束逃过了科学家的眼睛，在偷偷传递信息。这些神经束就像工厂生产线上的工人一样，密切配合，互相传递零部件。这种工业革命式的想象是19世纪和20世纪之交的大多数科学家都有的。

当巴甫洛夫的观点被推翻时，他备感震惊，但他很大度地接受了英国同行的观点。据称，他听到对方的假设后说："当然，他们肯定是对的，并不是只有我们才能发现真理。"不过，巴甫洛夫没有在诺贝尔奖获奖感言中提及贝利斯和斯塔林重塑了他的理论。

贝利斯在《柳叶刀》上发文指出，和之前的发现不同，导致胰腺分泌消化液的不是神经，也不是酸。"分泌物肯定是在大肠黏

---

① 保罗·里维尔是美国著名爱国人士。据说在独立战争爆发前夜，他骑着马挨家挨户通知列克星敦的居民，英国人将要发动袭击。他还用灯作为信号，告知英国军队的进攻路线。这使得当地人民能有组织地伏击英军，从而打响独立战争的第一枪。——译者注

膜受到酸的影响后产生的，然后被血液运送到腺体中。"很快，科学家就会意识到这种辩论毫无意义。因为他们发现这不是神经元和化学物质的问题，而是有一套复杂的反馈系统在控制着身体的反应。当伦敦大学学院发现唾液腺的时候，人们认为触发反应的是神经元，但最近他们也被激素学说撼动了。比如，一些21世纪的研究认为，女性绝经后雌激素和黄体酮水平会下降，这会导致口干舌燥。

贝利斯和斯塔林在内分泌这一学科诞生之前就提出了他们的理论，他们的想法新颖又大胆，也许用"鲁莽"来形容也不为过。他们打破教条，瓦解了流行几十年的神经学理论。即使在今天看来，他们的洞见也着实令人吃惊，就像耶鲁大学胃肠病学家欧文·莫德林写的那样，他们轻而易举地创造了一个学科，这个在100多年前取得的发现至今仍让人们受益。科学家知道，促胰液素能促进胰腺释放碳酸氢钠，中和胃部消化食物时释放的胃酸。2007年，科学家发现，促胰液素还能控制血液中电解质的进出。简言之，促胰液素能够帮助消化。

贝利斯和斯塔林明白，不论反对的声浪如何，他们即将改变科学界看待人体的视角。多年来，医生们一直想知道，身体里相距甚远的器官是如何相互沟通的。比如，有医生发现，当母亲给婴儿喂奶时，她的子宫也会收缩。内脏实验为他们的理论提供了证据。正如贝利斯1902年在英国皇家学会会议上的报告所说："不同内脏间的化学反应可能存在联动关系，比如子宫和乳腺之间。但我们相信，这是我们取得的首个直接的实验证据。"

在做报告之前不久，他们就已经完成了关键性的研究。但是，促使抗议者建造雕像的事情发生在一年之后。1903年2月2日，贝利斯在给伦敦大学学院的60名学生上课时，使用了一条狗作为教学演示道具。

当时他并不知道，有两名反动物实验主义者混进了他的课堂。丽莎·沙特尔和丽兹·林德从瑞典来到英国，她们在附近的女子学院以走读生身份注册，声称想学习一些生理学知识。不过，与其说是学习生理学，不如说是想为反动物活体解剖运动收集一些证据。女子学院不允许做动物活体解剖实验，如果女学生想观看活体实验，需要事先获得男子学院教授的许可。这两位女士之后在法庭中辩称，她们之所以报考医学院，是因为她们想证明自己和其他动物权益保护者不一样。其他人对生理学知识一无所知，而她们——两位在医学院学习过的学生——想要用科学家的方式和他们做正面对抗。

这两位女士站在了19世纪中期动物权益保护运动的前沿，而随着这场运动一起发展起来的正是实验医学。实验医学越发达，实验中使用的猫、狗等动物就越多，而使用的动物越多，动物保护者就越愤怒。由于反动物活体解剖的呼声日益高涨，英国成为第一个颁布法律限制动物实验的国家。《1876年动物虐待修订法案》（在教授用狗做课堂演示的27年前）规定了三件事：第一，进行动物实验需要取得特殊许可；第二，每只动物只能使用一次；第三，除非药物会干扰实验结果，否则实验人员必须给实验动物施以止痛药。可是，反对者仍然认为该法案的力度太小。

潜入伦敦大学学院的两位女士本想制造混乱, 却见证了历史上最重要的内分泌实验之一。课程开始之前, 贝利斯的助手亨利·戴尔将一只棕色的杂种猎犬绑在教学厅的展示台上, 它的腹部朝上, 四腿分开。这只狗之前也被用于胰腺实验, 这种做法在之后的法庭辩论环节令他们头疼不已。

由于这只狗的胰腺已经在之前的实验中被毁, 所以贝利斯将展示的重点放在唾液腺上。他的目的和之前一样: 展示消化道的化学原理。贝利斯走近狗的上半身, 割开它的喉部, 并将其颌骨周围布满唾液腺的皮肤剥离。随着手术刀划过狗的喉结, 贝利斯切断了连接它的唾液腺的舌神经, 并将切开的一头连接到电极上, 刺刺刺, 刺刺刺。

教授对狗的舌神经进行了将近30分钟的电击。学生们凑过去看, 刺刺刺, 刺刺刺, 然而什么也没有发生。这个神经电击实验本应该促进唾液腺分泌液体, 但做过实验的人都明白, 即使是最完善的准备, 也无法保证实验产生预期的结果。这些液体或者说"内部分泌物"将刺激消化腺, 而消化腺则应该在没有神经元的帮助下将信号传递给消化系统, 促使它们开始运作。但是, 实验未能像他们预想的那样进行。最终, 贝利斯向戴尔点头示意, 让他把狗带离教室。戴尔将狗的胰腺切除后放到显微镜下观察, 看它是否收到了化学信号。最终, 他将手术刀扎进狗的心脏, 结束了它的痛苦。随后, 贝利斯和斯塔林检查了胰腺, 看是否有细小的神经元残留。他们不希望有任何神经元出现, 因为只有这样才符合他们的化学理论。

课堂演示可能失败了，因为唾液腺并没有像他们预期的那样分泌唾液。但从另一个角度看，这次实验对林德和沙特尔来说是成功的。她们马上基于这次失败撰写了一本关于活体解剖的书，记录她们的所见所闻，书名为《科研之殇：两名生理学专业学生的手记》。她们认同贝利斯和斯塔林的突破性发现，并认为这两位科学家的目的有两个：一是观察动物的反应模式，二是深入研究现代生理学原理。她们笔下的"观察动物的反应模式"，实际上是在指责活体解剖过程中的违法行为。她们自称看见了实验用犬的腹部有一个开放伤口，这证明此前它已被用于另一项实验，而重复使用同一只动物做实验是违法的。

这给了活体解剖者当头一棒。

两位女士还看到狗的身体在颤抖，这说明它感受到了疼痛。根据法律，实验动物必须被施以止痛药。

这是第二棒。

她们还对贝利斯和斯塔林获得实验用犬的渠道提出了质疑。有传言说这只狗是两位科学家从它的主人那里偷来的，甚至说他们在公园里四处游荡，伺机捕捉流浪的宠物。"它也许就是在那天早上走失的。"她们写道，"但任何寻狗启事或者奖金都无法挽回狗的生命。"不论这是真实的还是捏造的，这样的故事总会给本来就有些神秘的实验医学增添些许恐怖的气息。

两位女士还声称，在课堂上，贝利斯将手伸进狗的身体里，取出一段大肠，并告诉学生要小心谨慎，别让粪便流出来。在场的男学生哄堂大笑，忍不住地鼓掌。她们本来想把这部分内容命名为"欢笑"，但出版商（也是一位极端的反动物活体解剖人士）要求她们换一个不那么讽刺的名字。

学期末，林德和沙特尔把她们的书及课堂笔记都交给了史蒂芬·科尔里奇。科尔里奇是一名律师，也是英国反活体解剖协会的主席。这就是棕色猎犬雕像故事的缘起。

两位女士希望科尔里奇起诉科学家，但科尔里奇觉得胜算不大，因为法官通常会维护伟大的医学发现。并且，动物虐待案必须在发生的6个月之内提起诉讼，留给她们的时间不多了。另外，起诉必须得到高级法务人员的审批，而他们通常和法官一样偏袒科学家。因此，科尔里奇建议她们放弃法律诉讼，但可以以退为进。

科尔里奇劝说她们不要局限于法律系统，而要诉诸公众，尝试获取公众的支持。因此，1903年5月1日，科尔里奇和他的反活体解剖协会召集了3 000名观众到皮卡迪利大街的英格兰圣詹姆斯教堂听演讲。教堂位于伦敦市中心，在那里，他一边挥舞着手中的《科研之殇》，一边痛斥科学研究中虐待动物的现象。

他斥责贝利斯和斯塔林的工作"懦弱、道德败坏和令人憎恨"。他读了很多英国知名反动物活体解剖作家（包括吉普林、哈代、杰罗姆）的宣言，并称："如果这都不算折磨，那么让贝利斯和他的朋友们告诉我们，到底什么才算折磨！"

科尔里奇的演讲得到了人群低沉的回应。巴特西当地的小报《每日新闻》逐字逐句地刊出了科尔里奇的演讲，并被国家级媒体转发。贝利斯是一个不喜欢和公众打交道的人，他对这场闹剧视若无睹，也不愿意面对媒体。但斯塔林沉不住气了，他要求贝利斯告诉无知的群众，他们这是对严肃科学的亵渎。他坚信法律会站在科学这边，并说服贝利斯状告科尔里奇诽谤。贝利斯只想避免事态扩大，他先是要求科尔里奇公开道歉，但当他意识到科尔里奇对他不理不睬之后，就决定诉诸法庭。

1903年11月11日，学生、解剖学家、反动物活体解剖人士、教授、科学家，还有各类活动家都聚集在贝利法院门口。人群分成了两派，一派支持被告，另一派支持科学家。听证会其实和动物实验的合法性或道德性毫无关系，只是一场诽谤诉讼。科学家是原告，被告则是发起反动物活体解剖运动的律师。

对贝利斯和斯塔林来说，他们所做的一切都受到了质疑。其他科学家质疑他们的科学发现，而公众则质疑他们的研究手段。

贝利斯的目击证人斯塔林承认，那只狗的确被用了两次。考虑到它即将被处死，不如再多利用一次，总比换另一只狗来遭受折磨更合理。医学院的学生也出来做证，表示狗在课堂上发抖只是简单的神经反射，而不是因麻醉不足造成的疼痛引发的。听证会持续了4天。11月18日，陪审团进行了审议，只花了短短的25分钟。他们认为科尔里奇犯有诽谤罪，于是法官判决他支付5 000英镑的罚款，相当于今天的50多万英镑或者75万美元。

医学院的学生们喜出望外，他们跳上凳子大喊："贝利斯万岁！"贝利斯最终将这笔钱捐给了生理学实验室。

工人阶级的报纸《每日新闻》刊文要求完善活体解剖方面的法律。一位编辑写道："动物无条件地崇拜和相信人类，它们虔诚的行为、信任的眼神难道不能激起人们心中一丝的责任感吗？"向来支持科学家的《泰晤士报》认为整个事件（比如女性混入医学展示课堂，以及科尔里奇对知名科学家的人身攻击）是一场阴谋，应该对始作俑者进行谴责。另一家英国日报社《环球新闻》抨击了科尔里奇，认为他在用恶毒的语言诽谤高尚的人。

而对于学生们来说，这场判决却怂恿他们四处惹事。他们先是到女权主义者的会议上大喊"贝利斯万岁"，但女权主义者可能只关心女性权益，而学生们却把动物权益和女性权益混为一谈。

1905年，在这场判决两年后，斯塔林每周在伦敦皇家学院教4节课，向学生展示他的新理论。这个新理论是从他和贝利斯的实验，以及欧洲和美国其他地方的实验总结而来。它解释了化学物质是如何调控生理行为的，而不是神经。

1905年6月20日的傍晚，斯塔林总结了之前所做的与腺体相关的研究，并做了一场演说。在演说中，他首次使用了"激素"一词，并解释道："我们把这些化学信使称作'激素'（取自όρμαω，有激发、唤起之意），它们产生于某个器官中，然后被血液运至受体器官……"他只是随口说出了这个词语，但激素的说法就这样被人们记住了。

斯塔林解释了这些化学物质和身体里的其他分泌物的不同之处。他说这些液体"被血液从合成器官运送到受体器官，并且它们的合成与循环取决于个体的生理需求"。这清楚地定义了激素的功能：它们在腺体中产生，经由血液运输，作用于远端的受体，对身体的正常运转起着决定性作用，对生存而言至关重要。

他认为，贝特霍尔德在半个世纪之前也提出了相似的观点。贝特霍尔德在人们认识激素之前就搞清楚了睾丸的工作原理，但他没能像斯塔林一样将发现公之于众。贝特霍尔德也没有意识到他发现的睾丸的工作原理适用于所有腺体。虽然他认为这些分泌物能对远处的受体起作用，却局限于睾丸这一种腺体。

斯塔林继续解释说，把激素称为体内分泌物并不能准确地概括它的功能。分泌物一词只意味着有某种液体被释放出来。他试图寻找一个新术语，不仅能表示有化学物质被分泌出来，还能说明这种化学物质具有特定功能，即有特定的受体，并且能触发身体的反应。他求助了两位朋友，分别是剑桥大学的古典学者威廉·哈迪和威廉·维西。他们建议斯塔林使用希腊语单词"hormao"，意思是"激发"。

爱德华·谢弗（斯塔林的教授之一）推荐斯塔林使用"autocoid"一词。"auto"来自希腊语，意为"自我"，"coid"意为"解药"或者"体内解药"。不过，不知道出于什么原因，这个名字未被采用。几年后谢弗又提出，"hormone"只能表示可激发人体功能的化学物质，至于可抑制人体功能的化学物质，则应该被称为"chalone"（希腊语意为"放松"）。然而，这个意见最终也没有被采纳。[①]

---

① 姓名对谢弗很重要。他68岁时为了纪念他的教授威廉·沙比，把自己的姓氏改成了沙比–谢弗，但别人认为他只是想让自己的名字听起来更像英国人，而不是德国人。他年幼时随父亲詹姆斯·威廉·亨利·谢弗从德国搬到英格兰，并在那里长大成人。他后来把名字里的"ä"写成了"a"，去掉了变音符。

就这样,"激素"(hormone)一词沿用至今。

在他的前4个演讲里,斯塔林认为人体有4个腺体能分泌激素,分别是垂体、肾上腺、胰腺和甲状腺。他有意不提睾丸和卵巢,因为他不想让观众把他和那些江湖骗子画等号。骗子热衷于推销那些自诩能增强睾丸和卵巢功能或延年益寿的神药,这在20世纪早期可是一个暴利行当,"专家们"从动物的生殖腺中提取所谓的神药,吹嘘它们可以显著增强身体能量和性欲,还能治疗几乎所有跟衰老有关的疾病。

在他的第二个和第三个演讲中,斯塔林问他的听众,激素的定义是不是应该像细菌一样明确。德国科学家罗伯特·科赫20年前发现了细菌,并提出了科赫法则:细菌必须能被分离出来;当细菌被注射到健康的个体体内时,必然会引发某种特定的疾病(例如,结核杆菌可导致肺结核);当从患者身上提取出细菌并注射到健康个体体内时,必然只会引发那种特定的疾病。

受到细菌发现者的启发,斯塔林认为,如果一种物质被称为激素,那么它必须满足两个原则:第一,移除这种物质的分泌腺一定会引发疾病或死亡;第二,如果把健康个体的分泌腺移植到受损个体身上,后者的病情将得到缓解。不过,有的激素并不遵守斯塔林的原则,但仍然被称作激素。比如,移除或损坏胰腺的确会造成肥胖,这符合第一条原则。但是,移植一个新胰腺并不能改善病患的问题,所以第二条原则不成立。然而,胰腺仍然被视为一种可分泌激素的腺体。

斯塔林总结说,激素研究是通向健康之路的大门,不论是便秘还是癌症，我们都能通过激素研究找到解药。他认为，对激素作用原理的深入了解将帮助人们实现对身体的完全掌控，这也是医学的终极目标。随后，在另一次演讲中，斯塔林形容这个发现"就像一个童话"。他觉得科学家总有一天会搞清楚激素的化学组分，然后用合成激素来控制我们的身体。

1906年9月15日，棕色猎犬雕像在拉什米尔花园落成。这座雕像成为巴特西公园附近住宅区的一个绿色点缀，由路易莎·伍德沃德赞助，她是伦敦的一位反动物活体解剖人士，家境富裕。一位《纽约时报》的编辑认为雕像下方的铭文是"可耻的"，也是对"活体解剖精神的无声亵渎"。

除了1907年的小风波以外，这座雕像在之后的4年里都平安无事。直到1910年，巴特西的区长要求伍德沃德把棕色猎犬雕像搬到她自己的花园里，但遭到了拒绝。那一年的3月10日凌晨，几名警察和4名工人将雕像从巴特西公园里挪出，并把它拖到附近的自行车棚里。之后，他们把雕像砸了个粉碎，最后把碎片也销毁了。《纽约时报》预言说："这种雕像或者任何类似的东西，都将永远从世界上消失。"

可惜，《纽约时报》错了。1985年，棕色猎犬协会成员和反动物活体解剖人士杰拉尔丁·詹姆士牵头修建了一座新的棕色猎犬雕像，就放在巴特西公园一角的玫瑰花园中，隐藏在游客的视野之外。如果你想看看这座雕像，你得往公园北边走，经过慢跑跑道，再穿过一片被栅栏围着的有很多狗玩耍的地方，雕像就坐落在树叶茂密的大树下。它比原型要小一些，没有喷泉，也不像以前那

今日的棕色猎犬雕像
杰西卡·鲍德温供图

般高傲。取而代之的是一个可爱的形象，这让现在的动物权益保护者感到颇为恼火。

　　有人路过雕像时也许会注意到下面的铭文，并回忆起斯塔林大胆的创新性假说，而不只是动物实验。这两位科学家无意间把不同的人团结在一起共同对抗活体解剖实验。他们还把不同的科学家也团结在了一起，为了内分泌学这个学科共同奋斗。

第 3 章

罐中之脑：库欣的收藏

　　在耶鲁大学医学院图书馆的阅读区下面两层有一个房间，里面装满了智慧的大脑。不过，这些大脑并没有长在脖子上，而是被存放在罐子里。有的罐子里的大脑是完整的，有的则是一些切片。房间里有差不多500个类似的玻璃罐，沿着墙边整整齐齐地摆在一起。房间中央有一列长桌，周围摆放着座椅。在长桌的上方，有个架子悬挂在天花板上，上面摆放着更多的大脑标本。如果你能忍受得了这番景象，你就可以在长桌上学习。

　　这些标本属于哈维·库欣，他是20世纪初期神经外科研究领域的先驱。他在给病人做完脑肿瘤手术之后，会切下一块肿瘤切片，将其保存在标本罐里。这些肿瘤大小不一。如果病人不幸去世，他就会把病人剩余的脑组织保存下来。库欣的外科同事们也会把他们手中的大脑标本捐给他收藏。库欣本人的大脑并不在收藏之列，而是在1939年他去世后随着遗体一起被火化了。

　　库欣是一个收藏家，他把自己的行医记录都详细地保存下来。这些记录更像一本迷你的个人传记，而不是冗长无趣的医疗记录。他还保存了病人术前和术后的照片，并将他主刀的手术过程画下来（他是一位卓有成就的艺术家）。有的大脑标本旁摆放着患者的照片，用于向观众展示肿瘤如何像鼓包一样从大脑中生长出来。有时候，库欣无法通过手术切除患者的脑肿瘤，他就干脆切掉他们的一小块颅骨，让肿瘤在大脑外部生长。虽然这样做无法治愈疾病，但能避免肿瘤对脑神经造成压迫，也能避免很多恼人的并发症。

　　库欣还保存了自己与同事沟通的很多信件，为我们了解当时的医学研究提供了大量的原始素材。其中不仅有医患间的故事，也有很多医生间的逸事，不乏各种八卦。他们有时是挚友，有时则是对手。

　　有的信件揭露了管理者如何试图把这一治病救人的高尚行业转变成一笔赚钱的生意，一切都发生在20世纪的前几十年里。库欣还把他价格不菲的初版医学教科书捐给了耶鲁大学。

　　不过，他的那些大脑标本才是最特别、最有价值的收藏。这些大脑在福尔马林溶液里浸泡了将近半个世纪，它们记录了库欣最大胆、最细致的研究。在他去世后的50多年里，这些本该被视为医学珍宝的标本和影像资料却被随意地堆放在医学机构的角落里，无人问津，标本瓶和医疗记录上布满了灰尘。直到1995年左右，它们才被几名喝醉的医学院学生从地下室里发掘出来。经过一番艰苦的清洗和整理，这些大脑标本被安置在库欣中心。在前文提到的那个房间里，陈列着大约 3/4 的标本收藏。人们将房间进行了重新设计，以更好地展示这些标本。库欣中心于 2010 年 6 月正式对外开放。那些还没被修复的罐子（约有 150 个，凌乱地摆放着）则被留在学生宿舍的地下室里，等待着重见天日。

如果你仔细研读这些材料（图书馆和地下室里的大脑、笔记和照片），你就可以回到那个研究脑激素的启蒙时代。彼时，库欣提出了能将意识和身体联系起来的理论。也许他从斯塔林 1905 年发表的演讲中获得了灵感，斯塔林在这个演讲中将身体里神奇的化学物质命名为"激素"。在库欣之前，激素理论为解释人体的工作原理提供了全新的视角；在库欣之后，这个理论的应用范围扩展至大脑。

库欣于 1869 年 4 月 8 日出生在俄亥俄州克利夫兰市，是家里 10 个孩子中最小的一个。他家境殷实，父亲、祖父和曾祖父都是内科医生。库欣小时候聪明好动，十分惹人喜爱。他先是从美国中西部跑到耶鲁大学求学，然后去了哈佛医学院，最后进入约翰斯·霍普金斯大学接受外科医生的教育。他娶了凯特·克伦威尔为妻，她也是克利夫兰市人，和库欣有着相似的经历。在库欣转到外科后，他师承于威廉·霍尔斯特德——乳房切除术的开创者。

库欣不管做什么，都力争第一。他十几岁的时候，就被选入了竞争激烈的克利夫兰业余棒球联盟，之后又进了耶鲁大学校队。他根据自己主刀的外科手术步骤绘制的素描被收录到教科书中。除此之外，他还是一名出色的钢琴家。他给他的导师——约翰斯·霍普金斯大学的创立者威廉·奥斯勒写了一本书，该书于1926年获得普利策奖。库欣一生成就斐然，但他却饱受抑郁症的困扰。

库欣脑肿瘤档案库中的大脑标本。该档案库位于耶鲁大学医学图书馆的库欣中心内部
耶鲁大学特里·达格拉迪供图

库欣几乎把全部精力都放在事业上，很少有时间照看他的5个孩子。但他通过指导妻子如何养育孩子，把两个儿子都送进了耶鲁大学。不过，他们都没能顺利毕业。其中一个儿子由于考试挂科被开除，库欣请求医学院院长网开一面，即使不授予学位，也不要开除，但被拒绝了。另一个儿子则在大三死于醉驾事故。库欣的3个女儿都嫁得很好，被社会版新闻称为"库欣女郎"。她们每人都结了两次婚。大女儿先是嫁给了詹姆斯·罗斯福，也就是富兰克林·罗斯福总统的儿子，离婚后又嫁给了身价上百万美元的美国外交大使约翰·惠特尼。二女儿先是嫁给继承了两亿美元遗产的威廉·文森特·阿斯特，离婚后又嫁给了画家詹姆斯·福斯特。小女儿先是嫁给标准石油公司的继承人小史丹利·莫蒂默，离婚后又嫁给哥伦比亚广播公司（CBS）创始人威廉·佩利。

　　库欣医术精湛、自信大胆、不畏困难，这是成为顶尖脑外科医生的三个要素。相比之下，同时代的其他医生都不敢深入研究大脑。库欣的传记作家迈克尔·布利斯说："20世纪前10年，'致命'的神经外科手术之父多如牛毛，而哈维·库欣是唯一能'治病'的神经外科手术之父。"

　　如果你脑袋里长了肿瘤，让库欣给你做手术，活命的可能性最大。截至1914年，他的手术死亡率仅为8%。相比之下，维也纳医生的手术死亡率为38%，而整个伦敦为50%。手术死亡率是指病患死在手术台上的概率，而不是手术后不久的脑癌致死率。

　　丹尼斯·斯潘塞评价说，库欣的手术技艺与他经手的任何事情一样，都堪称精妙。斯潘塞是耶鲁大学神经外科系主任，也是库欣大脑修复项目的带头人之一。他说："不管用什么方法，库欣总是能准确地判断肿瘤的位置，再对肿瘤进行处理，大脑则毫发无损。"而这一切都是在不借助各种各样的现代工具（例如超声波或者磁共振成像）的条件下完成的。库欣还优化了缓解三叉神经痛的办法。三叉神经痛是由神经损伤造成的，让人痛不欲生。他知道如何通过分离连接脑部的面部神经来缓解这种疼痛。如今，三叉神经痛一般通过抗惊厥药物或辐射麻痹神经的方法来治疗。

　　除了外科手术、写作、绘画（以及把女儿嫁给富豪），库欣还对内分泌这门新兴学科产生了兴趣，并进行了开创性的内分泌研究。其他医生在了解内分泌学的相关研究之后也许会心生好奇，但库欣远不只是好奇，他还在这个逐渐发展的学科中发挥所长，贡献出自己的力量。当时，几乎所有腺体都被深入地研究过，包括甲状腺、卵巢、睾丸、甲状旁腺和肾上腺。但仍有一种未被触及，它就是垂体。库欣明白，垂体之所以未得到充分的研究，是因为迄今为止没人能够触碰到这个腺体，除了他。

垂体像一个颠倒的棒棒糖一样悬挂在大脑底部。假如你能用手穿过鼻子并绕过鼻桥，你就能触碰到它。在摸到它之前，你会先触碰到眼睛后面的视神经。这就是为什么垂体有问题的人视力也会受损——因为垂体的生长可能会压迫视神经。"垂体"一词源于拉丁语"pituata"，意为黏液，这是因为3世纪的一位医生盖伦认为它唯一的作用就是分泌黏液。

后来，医生们认识到，这两个叶的功能各有不同，分泌着不同的激素。它们就像两个陌生的邻居，住得近，却没什么共同点。垂体由前叶和后叶组成，作为一个整体控制着身体里的其他腺体。因此，曾经有一段时间，它被视为腺体之母。20世纪30年代，科学家发现大脑中其实还有另一个组织控制着垂体，它就是下丘脑。自那以后，腺体之母的名称便归下丘脑所有了。

当库欣决定探索垂体时，人们对它几乎一无所知。他的秘书称之为"老板的第一个，也是唯一的真爱"。在短短几十年间，库欣就成了垂体研究领域的顶尖专家。

库欣研究垂体时和他研究神经外科手术时一样大胆，他敢于尝试别人不敢尝试的事情。他认为垂体能够释放生长激素，但苦于没有确凿的证据来证明。于是，他在侏儒身上做实验，并向他们提供从小牛犊的垂体中提取的化学物质。他想知道侏儒在服下这些物质后会不会长高，但实验并未成功。

库欣还实施了世界上首例人类垂体移植手术。1911年，他将一个离世不久的婴儿脑中的垂体取出，移植到一位48岁的男性脑中，这位男性被诊断出患有垂体瘤。报纸预言这次实验将成为一次伟大的科学突破，比如，《华盛顿邮报》发表了题为"损坏的心智恢复如初"的文章。但他们高兴得太早了，患者威廉·布鲁克纳的病情在手术6周后恶化，他头疼得厉害，看东西还有重影。于是，库欣又为布鲁克纳移植了另一个婴儿的垂体。然而，布鲁克纳还是在一个月后病逝了。

库欣不承认自己的移植手术失败了。他声称，尸检结果表明布鲁克纳死于肺炎。他还把责任推给产科医生，因为后者在把婴儿垂体运送到手术室时耽误了两个小时。

除了人体实验，库欣在动物身上也花费了很多精力。他从最基础的问题（比如，如果我们没有垂体能否存活）入手，并在30年后撰写了一份详尽的报告，分析了构成垂体的细胞。他先将实验狗的垂体移除，然后将其他狗的垂体切碎后喂给实验狗。他想知道，垂体太少或太多会给狗造成什么影响，换句话说，不同剂量的激素会给狗带来什么影响。实验中被切除了垂体的狗死了，库欣因此总结说，垂体对生存而言不可或缺。然而，现代医学已经发现，狗和人类没有垂体也能存活，只是无法发育成熟。此外，没有垂体的个体会感到疲劳，热量代谢也会出现障碍。现在，如果有人在出生时有垂体缺陷，激素疗法就能够弥补人体对垂体功能的依赖。

库欣实验设计的巧妙之处在于，他没有像前人一样把整个垂体喂给实验狗，而是将垂体前叶和后叶分开喂给实验狗。他发现，如果实验狗吃下的是垂体后叶，那么它的血压和尿量都会增加，肾脏也会变大。如果实验狗吃下的是前叶，它就会瘦成皮包骨。

这到底是为什么？为什么如此小的区别却能造成这么大的差异？垂体可以控制体重吗？它能控制体液循环吗？垂体的两叶之间会彼此合作，还是作为两个独立的部分工作？

库欣十分善于观察。他发现实验狗的情况是有规律可循的，它们在被切除垂体后，肚子胀大，四肢发育不良，经常疲惫不堪，卵巢和睾丸也会萎缩。当库欣把实验狗拉起来，让它们后脚着地时，它们的身形看起来就像脑癌患者：四肢孱弱，腹部肿胀。这是垂体异常造成的吗？

为了找到答案，库欣又做了他最擅长的事情：收集案例。他请求同事为他介绍活体病例，除此之外，他还研究了死亡病例。他遍访停尸房、墓地、博物馆，只为找到体形异常患者的大脑，太矮、太高、太胖的人都可以。他去伦敦博物馆测量了一位18世纪巨人的颅骨，发现这个人脑袋上垂体周围的骨头裂开了。这意味着有什么东西顶到了它，也许是垂体肿瘤，这可能也是这个巨人的体形如此庞大的原因。[①]库欣让自己的学生去查验一名刚刚去世的马戏团巨人演员的大脑，尽管演员的家人不愿意任何人破坏遗体，但这名学生给殡仪服务员塞了50美元，偷偷做了开颅检查。结果，这位学生也发现了裂开的骨头。

1912年，库欣对可能有垂体功能障碍的病人已经有了详细的记录。他记录下病人的病情，并为他们拍照。他积累了一个又一个病例，包括男患者和女患者。他们看起来就像是实验中的那只狗（医生们把这种外形称为"牙签上的柠檬"）。这些人不仅体形异常，而且头发凌乱，耷拉着肩膀，皮肤上有浅蓝色的条纹，血压也很高。女性患者会绝经，男性患者会有性交障碍。他们容易感到疲劳、身体虚弱、情绪压抑，还伴有剧烈的头疼。他们几乎全都在20多岁时发病，很多患者都是先在马戏团当一段时间的畸形表演者，后来因为病痛不得不去医院治疗。

库欣把他的笔记和病人的裸体照片发表在《垂体及其病症》上。库欣详细地记载了他的发现，但他无法证明是不是所有病人都长有肿瘤，因此这本书的案例有些混杂。库欣认为，有的肿瘤（或其他生理缺陷）会增强垂体功能，有的则会减弱垂体功能。他给三种不同的现象分别取了名字：如果腺体功能超出常规水平，

---

① 库欣研究了亨特博物馆的巨人查尔斯·伯恩。伯恩死前是马戏团的巨人演员，他生前要求把他的尸体丢到海里，这样他就再也不用当一个畸形表演者了。然而事与愿违，他的骨架在亨特博物馆展出了250年。每隔一段时间，活动家和历史学家都会呼吁博物馆尊重逝者遗愿，停止展览。最终，博物馆于2011年发表了一份有关保存人类遗体的声明。

就像巨人症那样，就把它叫作垂体功能亢进；如果病人肥胖且虚弱，就叫作垂体功能低下；如果病人这两个方面特征都有，则叫作垂体功能障碍。他还发现，有的人多个腺体都有可能出现问题，这种状况叫作"多腺体紊乱综合征"。他预见了一系列病征的发展过程，比如一个微小的脑肿瘤会促使肾上腺释放过多的激素，最终导致身体崩溃。他认为这种由大脑与身体失衡造成的崩溃会造成体重增加、体质虚弱、面部毛发增多（特别是女性），以及性欲减退。

这种激素后来被命名为皮质醇，这种强大的激素控制着很多身体功能。皮质醇还能帮助调节血压、新陈代谢，以及免疫系统。现在的医生知道，皮质醇会在早上大量分泌，并在接下来的一天内影响着身体的运作。皮质醇还能帮助女性生产，并且有助于婴儿的肺部扩张和收缩。但库欣逐渐发现，如果皮质醇含量过高，则会给身体带来损伤。他还发现，高剂量的皮质醇会引起抑郁、精神异常、失眠、心悸和骨质松脆，持续高剂量的皮质醇甚至会致死。

后来，库欣提出的"多腺体紊乱综合征"以他的名字命名，被称为库欣综合征或库欣病。综合征和病的区别在于问题发生的地方：垂体肿瘤会引起库欣病，而肾上腺引起的问题则叫库欣综合征。不论它们叫什么名字，病因都是肾上腺分泌皮质醇过盛（要么是因为垂体下达了错误的指令，要么是肾上腺本身就有问题），产生的症状也相同：面部浮肿，腹部胀大且伴有白纹，四肢纤细，骨骼脆弱，易感疲劳。另外，女性还会有面部毛发增多的症状。20世纪初，这样的女患者往往能在马戏团找到工作。

　　几年后，库欣在准备关于多腺体综合征的演讲间隙，写了一封信痛斥《时代》杂志的编辑。因为他们以"丑八怪"为题报道了一场巴黎的比丑大赛。这些参赛者的照片未经当事人允许就被提交给比赛的主办方，其中有长着疣子的鱼贩、长着丹毒（红疹）的意大利犹太人、长麻子的出租车司机和一个比利时修女等。主办方称该比赛的目的是"降低风靡世界的选美大赛的热度"。但在库欣看来，这不过是用一种肤浅来掩饰另一种肤浅。这些参赛者真正需要的是医生，而不是看客们的冷嘲热讽。

　　这篇文章发表于1927年5月，并配了一张罗茜·贝文夫人的近照，她站在马戏团胖女郎和无臂奇迹表演者的中间。记者还发现了贝文的另一张照片，照片上的她下巴奇大，耷拉着眼睛，发型像头盔一样，脸上还有零星的胡须。"任何人都不应该把自己的快乐建立在这位女士的不幸之上。"库欣写道。他进一步认为贝文可能患有肢端肥大症。"这种可怕的疾病不但会使患者毁容，其他症状也令人非常痛苦，还经常会导致失明。"他又写道。库欣猜测，贝文可能有严重的头疼症状，而且几乎看不见东西。他最后总结道："真正的美是隐藏在皮肤之下的。作为一名医生，我认为《时代》杂志不应该用如此轻浮的态度对待饱受疾病折磨的病患。"

　　库欣在观察了几个病情严重的患者之后推断，如果有人的生理或心理出现明显异常，哪怕没有严重到畸形或变态，那么这个人也很可能有一到两种激素水平不太正常。这是一种看待疾病的全新视角，非常有远见。

　　库欣继续完善他的垂体理论。在1901年刚开始研究时，对于垂体如何控制身体的问题，他只有一个模糊的想法。他只能用"功能亢进"（活跃过度）或"功能低下"（不够活跃）来形容垂体的异常状况，而没有更具体的解释。但到了20世纪30年代他快退休的时候，他已将理论不断完善，把病因归于这个微不足道的腺体中的不同类型的细胞。在东海岸进行的学术演讲中，他向学界专家们解释说，垂体虽小，但每个细胞的功能都不尽相同。他认为垂体前叶里有三种细胞，其中一种的过度发育会导致肢体庞大，而另一种则会导致性发育不良。

　　库欣在宣讲他的科学发现时，提出了一种尚未发现的激素，以及一种看待身体运行方式的全新视角。这一切都基于他在病人脑中发现的微小肿瘤。医生有时能在尸检过程中发现肿瘤，而有时则发现不了，不管他们多么仔细。在他提供的几十个病人样本里，库欣只在其中3个人身上找到了小肿瘤，他称之为嗜碱性腺瘤。

　　在那个年代，如果医生觉得病人患有脑肿瘤，他可能会给病人的头部拍X射线片。这样做的目的不是找到肿瘤的位置（X射线片拍不到肿瘤），而是看颅骨是否凸起。颅骨凸起是大脑长有异物的间接证据。库欣认为嗜碱性腺瘤的尺寸太小，并不足以造成颅骨凸起。换句话说，他的证据不足。可是，他坚持认为病人大脑里有肿瘤，而且它释放了某种强效物质。这种想法简直就是异想天开，好比宣告上帝不存在一样。

　　我们现在知道他的想法可能是对的。有的垂体肿瘤非常小，并且呈良性；它们个头小，长得慢，而且不会扩散到身体的其他部分。想要证明库欣的理论，还需要等待很多年，直到高科技脑成像工具的出现。

库欣对自己的主张深信不疑，但有人提出了反对意见。位于罗彻斯特的梅奥诊所的一名医生，对 1 000 具尸体进行了解剖。他发现其中 72 具长有嗜碱性肿瘤，但没有任何外部症状。也就是说，他发现有些人脑袋里的肿瘤并不会对他们的健康造成影响。这无异于给了库欣的理论当头一棒。这名医生没有像库欣一样把这些肿瘤称为"腺瘤"，而是把它们叫作"偶发瘤"，表示这种发现只是出于偶然，和库欣的病理理论并无关系。为了挖苦库欣，有的医生甚至成立了反垂体肿瘤俱乐部。

1932 年，库欣在约翰斯·霍普金斯医院进行的一场演讲中说，内分泌学的发现就像一次"印象派的邀请"。换句话说，库欣的证据不足以支撑他的理论。"我们仍然在黑夜中摸索着科学证据。"他说，"尽管这条路困难重重，但那些发自内心地热爱这门学科的人们，从未知中一点一点地找到了方向。"

今天的我们已经准确地知道垂体的功能。垂体前叶能产生几种激素，其中包括生长激素和催乳素（主要促进乳汁的分泌）。它还能分泌释放激素，作为信使去促进其他激素的释放。例如，促性腺激素能促使卵巢和睾丸分泌雌激素和雄激素。垂体也能释放促甲状腺素和促肾上腺皮质激素，前者促使甲状腺释放甲状腺素，后者促使肾上腺释放压力激素。

位于后方的垂体后叶能释放抗利尿激素，以保持体液平衡。

它还能释放催产素，这种激素能让子宫在生产时收缩，并在生产后使母乳导管收缩。

库欣始终没有停止实验和写作，即使步入晚年，他每天仍然坚持写1万字。吸烟比衰老更早一步地击倒了他。60岁时，因为腿里的血块凝集，他走路变得很困难。库欣在63岁时从哈佛大学退休，接着在耶鲁大学当教授，并把他的助理路易斯·艾森哈特也带了过去。艾森哈特自1915年以来一直担任库欣的助理，中间花4年时间去塔夫茨大学攻读了医学学位（成绩优异），毕业后回到库欣的实验室，成了一名神经病理学家。库欣的精神日渐衰弱，血液循环也有问题，再加上他的双手不似以前那般灵活，无法继续从事他热爱的手术工作，所以，他在耶鲁大学的大部分时间都在阅读、教书和写作。

库欣诸多的大脑收藏本来是可以留在哈佛大学的，因为艾森哈特已经把它们收集并整理进了库欣脑档案室。但库欣觉得哈佛大学提供的经费不够，于是把所有藏品都搬到了耶鲁大学。那些瓶瓶罐罐都在1935年被挪到了纽黑文。此外，库欣花了相当于今天100 000美元的资金，把所有病例都拍照留存（共有5万页），一并带到了纽黑文。

艾森哈特一直留在库欣身边当他的助手，直到库欣逝世。库欣于1939年10月7日死于心脏病发，享年70岁。

就这样，库欣的时代结束了。

不过，他的大脑收藏留存至今。在他离世将近30年后，耶鲁大学雇用了神经病理学家吉尔·索里特尔。索里特尔打开了办公室里的一个柜子，里面有一大堆瓶瓶罐罐，有装着大脑的标本罐，也有空威士忌酒瓶。索里特尔预感到之前在这间办公室里办公的人可能是库欣和艾森哈特，这些大脑标本和酒都是库欣的收藏。他听说艾森哈特曾在办公室聚会时开过几瓶酒。

　　本来应该还有另一位病理学家像索里特尔一样去整理库欣的收藏，因为还有很多大脑标本散落在病理系的其他地方。但并没有人这样做，于是这些瓶瓶罐罐就被转移到医学院宿舍的地下室，一放就是几十年。1994年，医学院的一个大一学生克里斯·沃尔借着酒劲走进地下室，发现了这些伟大的藏品。"我觉得每个班都有几个学生知道这间地下室，我还记得在莫里小酒馆（一个私人餐饮俱乐部）和几个上层社会人士一起吃饭，他们告诉我一定要看看那些大脑标本。"沃尔回忆道，"我们忍不住想去那里看看，所以我和其他四五个同学就想办法进去了。我们把门下面的通风栅栏踢烂，钻进去把门锁打开。打开门后我们就发现了这个房间。我对这件事的印象很深，因为我们担心自己闯祸了，而且那个房间真的有点儿吓人，里面全是大脑标本。空酒瓶附近还有一个签到板，上面写着参观过这个房间的人的名字。"

　　墙上挂着一张海报，上面写着"大脑协会"的字样，参加的学生在海报上签下了他们的名字。如果你能找到这张海报并且在上面签名，你就能成为协会会员。协会的宣言是："留下名字，只带走记忆。"但是，协会没有任何使命，成为协会会员只是一个吹牛的资本。对大多数学生来说，进入地下室不过是"到此一游"便匆匆结束，只有少数人知道地下室的秘密。

"想想当时还觉得挺害怕的。有人找到了相片的底片，还有人看到一整面墙都是底片，架子从地面延伸至天花板，上面摆满了玻璃底片。这些底片装在马尼拉信封里，一不小心就会破碎。如果你把它们捡起来，就会看到那些得了脑肿瘤的人的照片，特别吓人。"沃尔回忆道，"这些东西让人只想掉头就跑。"

这些玻璃底片上都是库欣的病人手术前后的对比照片。有的病人脑袋上有巨大的突起物，有的头上有枪伤，还有一些是病人的全身照片；有的病人穿着衣服，有的则赤身裸体。

妇产科医生塔拉·布鲁斯回忆这些照片时说："这就像一个仪式。"1994年她成为大脑协会的一员，也就是说她曾经勇敢地进入地下室并在海报上签下了名字。"每个人都想去看看那些大脑，离奇又梦幻。我当时刚到耶鲁大学没多久，我想，'耶鲁遍地是宝贝，就连地下室里都能找到一堆大脑'。"她现在在休斯敦，之前在耶鲁大学医学院读书。

沃尔现在是西雅图的一名骨科医生，之前在圣迭戈闪电队里当脑科医生。他是所有靠酒精壮胆闯入地下室的学生中，唯一一个提出要把大脑标本整理并公之于众的人。他当时刚上完一门医学史的课程，并在神经外科手术中担任实习医生。他灵光一闪，觉得这可能就是库欣的收藏。于是，他去拜访神经外科系主任丹尼斯·斯潘塞，并向后者报告了他的想法。很快，沃尔就跟斯潘塞合写了一篇关于大脑的论文。在库欣的大脑标本修复项目中，斯潘塞不仅充当了医学专家的角色，还是项目的摄影师和建筑设计师。就这样，这些大脑标本由一堆散乱的废墟变成了一个医学博物馆。

　　耶鲁大学医学摄影师和档案保管员特里·达格拉迪和一位病理学专家把标本从宿舍地下室转移至停尸房。此时转移标本可不像库欣时代那么容易，库欣当时只需要把标本从哈佛大学寄出，然后等着收货即可。那时邮寄大脑标本和其他包裹也没有任何差别，只要到邮局邮寄或者自行带上火车即可。但到了20世纪90年代，耶鲁大学想要对标本进行修复时，它们却成了有潜在生化危害的物品。达格拉迪需要获得特殊批准才能通过公共交通来运输它们。根据法律，哪怕是把标本运到街对面都需要一大笔资金。于是，她和同事们设计了一条线路，确保运输的每一步都在耶鲁大学的管辖范围之内。但要按这条路线把标本送到停尸房，他们必须把标本罐放在图书馆的推车上绕来绕去，还要上下很多级台阶。

　　库欣中心现在向公众免费开放。如果你的好奇心仍未被满足，可以找个有钥匙的向导，带你去看看地下室里还没被修复的标本罐。我和15个学生在2014年一个春日的下午就这么做了。在达格拉迪的陪伴下，我们沿着沃尔当年的路线，来到宏伟的学生宿舍楼。我们进入地下室，躬身穿过厚重的铁门，躲避着地上摆放和天花板上悬挂的大罐子，爬过一堆巨型储物笼（有一个里面堆着睡袋，另一个里面放着床垫，有的里面放着自行车，或者是用来展示腹部器官的无头塑料模型，还有一个笼子里装着一套架子鼓和吉他——显然有学生乐队在这里排练过），最终穿过一扇大绿门，但它好像被一个橡胶垃圾箱挡住了，里面装满了用来粘老鼠的板子。

耶鲁大学医学院学生宿舍地下室里未修复的库欣大脑标本
耶鲁大学特里·达格拉迪供图

几百个装着大脑的梅森瓶堆放在老式金属书架上，书架从地面伸展到天花板。有些罐子里的标本在福尔马林溶液中悬浮着；有些罐子里的防腐剂从裂缝中挥发殆尽了，里面的标本因此萎缩了。有些罐子里只剩下一小块组织，有的稍大点儿，还有的剩下了近一半的大脑。从罐子上标注的时间来看，它们大多都储存于20世纪的头几十年间。罐子上除了时间还标注了名字。有一个罐子里存放着一个眼球，另一个罐子里存放着只有一英寸长的胎儿。这就好像进入了一个疯子科学家的实验室，或者迪士尼电影里的小孩意外通过时间旅行闯进了一个恐怖的科学实验，或者更糟糕，好像进入了汉尼拔·莱克特的阁楼。

抽屉里装满了老旧的医学器材，其中有些是库欣用来给标本切片的。一个老式金属轮床挡住了过道。达格拉迪解释说，大约有 80 个大脑既不在地下室里也不在图书馆里，而是在停尸房里。停尸房里的标本都被装在白色的大橡胶桶里，就是餐厅用来装蛋黄酱的那种橡胶桶，等待着处理。

正当我们在这些标本之间走来走去时，一声尖啸打破了寂静。是闹鬼了吗？我仿佛看到一个瘦小、傲慢、长着鹰嘴鼻的倔老头穿过重重房间，飞到我们面前指责我们非法闯入。

"肯定是有人刚冲了厕所。"达格拉迪说道。我们这才想起来，这些标本的上方正是学生宿舍。不过，从另一个角度想，耶鲁大学的学生正在现代内分泌学的"积淀"上学习和休息。

结语

2017 年夏天，医生在库欣的一个已经过世 100 多年的病人体内发现了由基因突变引发的肿瘤。他是一位 34 岁的渔民，1913 年从加拿大的新斯科舍来到库欣位于波士顿的诊所，向库欣描述了他的症状：呕吐、易怒、多汗、肢体麻木。"我真的受够了。"他说。患者的手掌很大，下巴突出。库欣怀疑这是分泌生长激素的垂体出了问题，于是给这个渔民做了手术。这位病人一年后去世，尸检结果显示，他的多个腺体中都有结节。时间快进到 104 年后，耶鲁大学医学院的学生辛西娅·赛斯把玻璃瓶撬开，取出适量标本做了化验，并得出与库欣病例记录相似的检查结果。DNA 分析精准地诊断出患者的问题：卡尼复合征。这种疾病于 1985 年被命名，症状包括肢端肥大和其他内分泌异常现象。赛斯当时在马娅·洛迪什博士手下工作，洛迪什是美国国立卫生研究院的内分泌学家。自从进入耶鲁大学医学院，洛迪什就对大脑产生了浓厚的兴趣，她打开了其他标本瓶进行新的探索。库欣曾反对犹太人和女性进入医学界，对此洛迪什说道："我这个犹太女子正在用他留存下来的玻璃罐里的大脑标本做研究，如果他知道这件事，一定会被气得从棺材里跳出来。"

第 4 章

杀人激素：呈堂证供

1924年5月21日，两个芝加哥青年犯下了谋杀罪。

其中一人19岁，名叫内森·利奥波德，也叫巴贝；另一人18岁，名叫理查德·洛布，也叫迪基。他们都是芝加哥大学的学生，在附近的富裕小区长大。那天下午，他们租车去往哈佛学校，并在那里静静等待。哈佛学校是一个精英聚集的私立男校，他们也曾在这里念过书。

两人为了当天的行动已经谋划了好几个月，精心设计每一个环节，确保不会留下任何蛛丝马迹。比如，他们当天没有驾驶巴贝的红色威力斯骑士吉普车，因为过于招摇。他们只是租了一辆蓝色的车，这样更加低调。他们还对巴贝的私人司机说威力斯骑士的刹车坏了，以免司机怀疑他们的租车动机。

他们整晚都在和女生饮酒作乐，事后一旦遭到警察的审问，两人的证词就会保持一致。巴贝和迪基都是聪明的孩子,跳过级,15 岁时就上大学了。

不管学业如何成功,杀人对他们来说却是头一次,所以他们准备得并不像想象的那么周全。他们有好几个候选目标,都是父母朋友家的小孩。最后他们选择向 14 岁的博比·弗兰克下手,因为他那天最晚离开学校,而且独自一人。他们在学校操场附近等他,并以送他回家为由骗他上车。接着,他们把车开到几个街区外的地方,将受害者用棒子打死。

博比的尸体当天晚上就在草丛中被发现了,旁边有一副镶牛角边的眼镜,看起来价格不菲。警察通过这个线索找到了一家高端商店,像这样的眼镜店家只卖出了三副,其中一副的买家就是巴贝·利奥波德。巴贝向警察解释说,他的眼镜出现在犯罪现场只是个巧合。他是个鸟类观察爱好者,在受害者遇难的几天前曾在那片树林里观察过鸟类活动,但警察并不相信他。没过多久,两人就交代了他们的罪行,并把责任都推到了对方身上。

两家人聘请知名律师克拉伦斯·达罗为巴贝和迪基辩护。克拉伦斯在这之后还会为另一件大案辩护,当事人正是约翰·斯科普斯,斯科普斯于 1925 年因为教授公立学校的学生进化论而被田纳西政府起诉。在利奥波德–洛布的案子里,达罗也借助了科学的工具。他的任务不是为他们做无罪辩护(因为他们已经认罪),而是帮他们把死刑减轻为终身监禁。

这场谋杀案立即被媒体渲染为"世纪之罪"。新闻记者包围了利奥波德和洛布的家,法院也被他们围得水泄不通。这个案件成为几年后多部文学作品的创作素材，其中包括4部电影（有一部由奥森·韦尔斯主演，还有一部由阿尔弗雷德·希区柯克执导）、几本书（虚构和非虚构类），还有一部戏剧。对于所有新闻媒介、电影、小说，以及关注这个事件的每个人来说，终极问题在于，到底是什么驱使这两个"人生赢家"去伤害无辜的生命？他们受过良好的教育，有大笔的钱，以及强大的社会背景。他们竟然会为了一个可怕的冲动而抛下这一切，他们的动机是什么？

媒体点燃了大家的好奇心，这两个男孩难道遭受了家庭的情感忽视吗？报道说，巴贝的变态母亲雇用了一个淫荡的德国老师把他养大。迪基的母亲由于忙于慈善工作，只能把他交给保姆照管。但这个保姆要求严苛，只要迪基的成绩稍有下降，就会狠狠地惩罚他。听证会上还暴露出他们俩的同性恋关系，以及小偷小摸的劣迹。迪基9岁时和朋友一起卖柠檬水，就曾偷拿摊位上的钱；巴贝偷过别的孩子的集邮册里的邮票。这些行为是他们道德败坏的表现吗？

不管是这些蛛丝马迹、他们母亲的养育行为，还是他们的性取向，都无法完全解释他们的杀人行为。但是，有一种理论抓住了所有人的眼球。不论是医生、律师还是公众，他们都渴望用一种全新的科学理论来解释这两个年轻人的反常行为，这种理论吸引了越来越多医学杂志和新闻媒体的关注。答案就在内分泌学。

内分泌学于20世纪20年代从一种晦涩的理论变成了最热门的学科，鼓吹内分泌神药的书也纷纷出现，广告和专栏故事更是给这门学科增添了诱人的色彩。随着新的科学发现越来越多，激素被视为所有疾病的元凶。同样，人们相信可以通过改变激素来治疗一切疾病。垂体能刺激睾丸和卵巢分泌激素，于是人们将雌激素分离出来，不久后睾酮也被分离出来。这种对疾病的乐观态度在1922年到达了顶峰，多伦多大学的弗雷德里克·班廷和他的学生查尔斯·贝斯特通过注射胰岛素拯救了一个患糖尿病的14岁少年的生命，这宣告了激素疗法新时代的到来。

一年后，在美国科学促进协会的会议上，罗伊·霍斯金斯医生总结了他对内分泌学的期望："当我们通过改变内分泌让低能的小孩过上正常、快乐的生活，让营养不良的糖尿病患者重新恢复健康和体力，让巨人和侏儒能像正常人一样生育，让性特征产生或者消逝时，谁还能否认内分泌是现代生物学最伟大的进步呢？"霍斯金斯是内分泌物研究协会的主席，该协会是业内领先的专业机构，于1917年成立，在1952年更名为内分泌协会。

专业人士认为，如果能把糖尿病从绝症变成慢性病，世界上还会有治不了的病吗？可是，谋杀行为也能通过激素来改变吗？谋杀是一种病吗？如果真是这样，是不是所有的犯罪行为都能通过激素来消灭呢？展望未来，激素诊断能帮助我们在潜在罪犯实施犯罪行为之前就将他们识别出来吗？我们能借助激素的力量，让每个人都成为更好、更优秀的市民吗？

有人认为这种想法很有可能实现，有人则不这么认为。没有证据证明激素的变化能让人产生杀人的念头，更没有数据证明激素能让人失去理智，或者驱使人做任何事情。我们只有少量的间接证据能证明激素确实会影响人们的行为，这一观念已经存在了好几个世纪。它是靠经验的积累和不断的试错得来的，而不是通过严格的对照实验。例如，奥斯曼帝国把男性阉割成无性宦官，以服侍皇室成员，这样做的目的也是想通过切除睾丸改变他们的性格。人们在1915年首次公开探讨内分泌与情绪之间的联系。哈佛大学教授沃尔特·坎农发表了《疼痛、饥饿、恐惧、愤怒：有关情绪产生机制的近期研究》，他认为肾上腺素激增会引起心跳加速、呼吸急促，就像惊恐发作一样。他的研究激发了其他科学家的思考：是不是其他激素也会引起情绪变化？坎农写道："这是一系列令人惊奇的变化——腺体受到刺激……分泌物通过腺体释放到血管里。这种神经影响可以自我调节相促进，引起身体的变化，让人们感知到痛苦和情绪。"

如果是这样，那么从哈维·库欣的脑研究中得出"激素能驱使人产生谋杀念头"的结论就顺理成章了。如果异常的内分泌能使女性长出胡须，或者把小男孩变成巨人，那么内分泌是否也能让一个富家子弟变成杀人犯呢？

库欣之所以希望人们以同情之心对待马戏团的畸形人，是因为他们其实只是患病之人。但杀人犯不一样，就算他们的内分泌有问题，当我们看到受害者的尸体时，我们会认为凶手只是患病之人吗？或者，就像《纽约时报》的一位记者用《圣经》故事做的比喻一样，"该隐的内分泌器官功能失调，从某种程度上说，他和他的弟弟都是受害者"。这就是激素原罪论的问题所在。尽管在科学上它看似合理，但在道德上则说不过去。杀人犯应该因为激素紊乱而得到宽恕吗？

不过，对医生来说，新发现提供了看待人类行为的新方式，与法律或道德无关。人类不是一堆神经元的集合。20世纪20年代，人们发现了激素对人体的影响，于是我们成了激素的傀儡。

激素原罪论不只是一种简单的观念转变，更是一种统一理论：激素影响了大脑中的神经元，从而改变了我们潜意识里的欲望。"过去50年的研究告诉我们，内分泌研究对心理学来说至关重要。"《科学》杂志的路易斯·贝尔曼解释道，"我建议把'心理内分泌学'作为一门新科学来对待，它致力于研究个体内分泌与心理、行为、健康、疾病之间的关系，也就是内分泌与人格之间的关系。"

路易斯·贝尔曼不仅在医学上造诣颇丰，他的市场嗅觉也十分敏锐。如果他能活到21世纪，他可能会有自己的电视节目。他是哥伦比亚大学的副教授，发表了40多篇科学论文，还是多个精英医学协会的会员，其中包括纽约内分泌医学会、美国医学会、美国科学促进协会和美国治疗学会。

贝尔曼也是美国国家犯罪预防协会的会长。作为一名出色的研究人员，他从甲状旁腺——脖子旁边的4个小腺体——中提取出甲状旁腺素，并探索它如何影响钙元素的平衡。他把这种激素称为"副甲状腺素"，现在人们把它称为甲状旁腺素，它的确控制着体内的钙元素水平。

贝尔曼还认识不少文人墨客。埃兹拉·庞德和詹姆斯·乔伊斯既是他的病人，又是他的朋友。贝尔曼给庞德写信会用"亲爱的拉比·本·埃兹拉"作为开头，这是另一个诗人朋友罗伯特·勃朗宁根据一首名诗给庞德取的昵称，他们还在书信中互聊爱尔兰小说家乔伊斯的逸事。贝尔曼想用激素疗法治疗庞德女儿的抑郁症。"我不知道你是否听说过早发性痴呆（精神分裂症）的胰岛素疗法，我听说效果不错。"他补充道，"这是内分泌学取得的又一个伟大胜利。"贝尔曼通过控制饮食调整病人的激素水平。

他在自己的著作中做出了大胆的推测。他认为有些人的肾上腺素分泌得过于旺盛，导致他们容易激动，也更有男人味。有的人肾上腺素分泌不足，表现出相反的特质。他在《塑造人格的腺体》一书中说，"肾上腺素分泌旺盛的人"血压较高，男子气概强；"肾上腺素分泌不旺盛的人"血压较低，并且孱弱无力。他认为，雌激素不平衡可能导致女性月经不调，还会使女性"具有攻击性，支配欲强，拥有奋进和冒险精神。简言之，就是男性化"。

贝尔曼的著作十分畅销，吸引了大量读者。贝尔曼简化了其他医生的做法，直接用激素疗法给读者带来了乐观的心态。他甚至认为激素能解决犯罪、精神病、便秘、肥胖等问题。他预测，通过激素调节，社会将变得更好，人类不再是"适者生存"，因为内分泌学将会让每个个体都能适应环境。他还预言世界上将出现超级人类，并称之为"完美的正常人"。"我们能控制人类的方方面面，甚至创造出完美的人类。"他说，"以后困扰人们的问题将会是'优中选优'，比如，一个身高 5 米的不用睡觉的天才。"

贝尔曼的想法在20世纪20年代引起了轰动，部分原因在于国家想要降低暴增的犯罪率。当时，除了轻佻女郎、违法小酒馆和盖茨比式的豪华聚会以外，谋杀和损坏公物的犯罪行为确实在迅速增长。那时，不仅三K党羽翼丰满，黑帮势力也十分猖獗。其中为人熟知的有芝加哥黑手党教父卡彭、雌雄大盗邦妮和克莱德，还有银行抢劫犯约翰·迪林格。他们跟内森·利奥波德和理查德·洛布共同占据着新闻头条。

贝尔曼提出，仅通过测量激素水平，就能判断这个人实施暴力犯罪行为的概率。贝尔曼还声称，他能靠面相判断出一个人的激素"人格"，或者以什么激素类型为主，是卵巢型、肾上腺型，还是垂体型。从本质上说，他认为人格正是由这些微小的腺体决定的。不仅如此，贝尔曼还自称能预测一个人的未来，以及他的领导力和受欢迎程度，贝尔曼在书里分析了大量名人的激素人格。他的分析都是后见之明，因为这些名人的成败早已尘埃落定，但贝尔曼仍坚持认为他们的命运取决于激素类型。拿破仑和林肯都是垂体型人格，王尔德是胸腺型人格，南丁格尔则兼具甲状腺和垂体型人格。

贝尔曼不是唯一鼓吹激素可治百病的人。20世纪20年代，将器官捣碎作为药物出售是一门大生意，被称为器官疗法。人们用捣碎的甲状腺治疗黏液性水肿（甲状腺功能低下），用胰腺治疗糖尿病，用肾脏治疗尿道疾病。1924年，激素药物巨头卡恩瑞克公司出版了一本医疗手册，上面记录了116种疾病的激素疗法。该手册声称肾上腺栓剂对痔疮、呕吐、晕船都有疗效，完整的垂体能缓解头疼和便秘，睾丸能治疗性神经官能症。他们出售睾丸提取物，用于治疗癫痫、虚弱、霍乱、肺结核、哮喘。"我们的身体由这些腺体组成，"一位内分泌医生说，"腺体不仅控制着身体的反应和情绪，还决定人格和脾性，健康人和病人皆如此。"

贝尔曼认为，犯罪冲动可能是由另外一些激素的异常引发的。"甲状腺素、甲状旁腺素、肾上腺素、皮质素、胸腺激素、性激素、垂体激素、松果体激素等，都有可能通过作用于神经系统对人格产生影响。"他在《美国精神病学杂志》上写道。换句话说，激素能驱使人们行凶杀人。

贝尔曼夸张的说辞引起了同行的不满，有人开始指责他学术不端。一位《国际伦理学期刊》的评审认为，对贝尔曼的书"应该保持严肃的怀疑态度"。另一位学者在《美国社会学评论》上斥责贝尔曼的书"半真半假，其中混杂着事实和虚构的成分，还有一些推测和个人臆想。这算不上好的科学，也谈不上好的艺术，甚至连合格的娱乐作品都算不上"。不过，贝尔曼仍然拥有大量的支持者，玛格丽特·桑格就是其中之一。她写道："对业余人士来说，如果想对内分泌这门新科学有清晰的了解，那么路易斯·贝尔曼医生新近出版的书将是一个很好的选择。"

但是，这并没有说服《美国水星》的编辑门肯。他认为："每一个真理都是靠人们日复一日、年复一年地不断推敲、打破和完善假设才形成的。然而，贝尔曼不是这样的人。当然，新理论也需要有人推广，但在探索真理的路上，切记勿忘初心，也不要因为外界的噪声而忘记了自己的初衷。"

学界的严肃派人士对在媒体上大获成功的科学家持保守态度，这也许是因为某个人的出色表现让他们相形见绌。于是，他们一边否定贝尔曼，一边暗暗埋怨自己为什么不能像他一样成功。在本杰明·哈罗博士1922年出版的著作《健康和疾病中的腺体》中，他赞扬了几位哥伦比亚大学同行的工作，但没有提到贝尔曼。他暗示贝尔曼的书中"夹杂着事实与幻想"，并补充说："如果没有足够的自我批判精神去遏制幻想，那么土堆也能变成高山。"

贝尔曼的支持者可不这么认为。在1921年于美国自然历史博物馆举行的第二次国际优生学大会上，查尔斯·达文波特博士就激素对异常行为的影响发表了主题演讲。第二天，在内分泌腺研究专题讨论上，威廉·萨德勒医生说："严重的内分泌系统紊乱或多或少会引发犯罪、道德败坏或者反社会行为。"

优生学在统治阶层中十分流行，这门学科鼓励优秀的公民相互结合，就像繁育赛狗一样。而对于愚昧、畸形以及其他不适合繁育的人群，则要杜绝他们生育。这一主张得到了最高法院的支持。在1927年巴克诉贝尔案的判决书中，小奥利弗·温德尔·霍尔姆斯法官说："禁止不健全或'智力有障碍'的人生育，对于保障这个国家的健全是十分有必要的。"

贝尔曼认为优生学不可信，因为聪明健康的父母不一定能生出同样优秀的后代。他指出，通过改变内分泌来优化人类社会，是更可靠的做法。"我们现在可以展望人类更美好的未来，因为我们正在通过化学逐渐了解人类的天性。"他在《塑造人格的腺体》中写道。他呼吁对全美学生的内分泌情况进行检查，并用激素来促进好的品质，减少坏的品质。对贝尔曼来说，内分泌学就是宗教。他在出版于1927年的《行为主义宗教》中写道："基督教、犹太教、佛教的精神作用都已死亡。由于新的心理学运动，一种更新、更有力的宗教正在美国逐渐成形，它就是行为主义。身体、灵魂和性格都是化学反应的结果，都受到腺体分泌活动的影响。"现在看来，贝尔曼的错误显而易见。但在这本书出版之后的100年里，想要辨别贝尔曼是真的行为主义教徒还是骗子，几乎不可能。

1928年，贝尔曼对纽约的250名少年犯和成年罪犯展开了为期3年的调查，给他们抽血，测量新陈代谢，并给其他身体部位拍摄X射线片。通过与健康的控制组对比，贝尔曼得出结论：罪犯的内分泌紊乱程度是守法公民的3倍多。他说，杀人犯的胸腺素和肾上腺素分泌过多，而甲状旁腺素分泌过少；强奸犯的甲状腺素和性激素分泌过多，而垂体激素分泌过少；抢劫犯和暴力犯罪分子的性激素分泌过少，而肾上腺素分泌过多。除此之外，他还检测了诈骗犯和纵火犯的激素水平，把每种类型罪犯的生物标本都储存起来，并标记是哪里出了问题。他于1931年在纽约医药研究院的一次讨论中对此进行了公开介绍，并于1932年把结果发表在《美国精神病学杂志》上。这篇充斥着数据和表格的长论文展示了美国犯罪率的上升及其造成的经济损失，但在研究方法上有些薄弱之处。然而，贝尔曼仍然认为他的工作为预防医学打下了基础。"每个罪犯都应该接受内分泌检查，看看是不是在这方面有异常。"贝尔曼写道，"垂体、甲状腺、甲状旁腺、胸腺、肾上腺、性腺等腺体都应该检查一遍，然后把结果作为一种精神和社会维度的数据储存起来。"

近半个世纪以来，辩护律师把精神医生请到法庭上，希望能找到科学证据帮犯罪嫌疑人免除牢狱之灾。尽管贝尔曼的畅销书直到利奥波德和洛布的案件结束之后才出版，但他的理念早已为人熟知，并引起了广泛讨论。贝尔曼有关心理与内分泌的理论，给利奥波德－洛布案的律师提供了新的辩护思路。克拉伦斯·达罗雇用了两名内分泌学专家，分别是波士顿心理病理学医院院长卡尔·鲍曼博士和伊利诺伊大学神经学家哈罗德·赫尔伯特博士。他们两人对激素如何影响大脑的课题都十分感兴趣。

1924年6月13日，两位专家来到空荡荡的监狱房间，开始为犯人做检查。一群记者举着望远镜挤在监狱外远处的树丛里观察。像等待猎物的狮子一样，他们想从利奥波德－洛布案里挖到些许蛛丝马迹。专家们准备了X射线仪、血压计和新陈代谢测量仪。新陈代谢测量仪是20世纪早期的设备，上面装有一根齐膝高的棍子，棍子上有金属罐，罐上挂着导管。氧气从一根导管进入，并经出气管输送给患者。通过综合计算病人的体重、身高和呼吸频率，医生可以估算出病人燃烧卡路里的速率，即新陈代谢率。他们认为这是测量激素健康程度的方法之一。（我们现在知道，虽然甲状腺素的确与新陈代谢率有关，但新陈代谢并不是评估激素水平正常与否的有效手段。）

两位专家还使用X射线仪判断病人的激素水平。虽然X射线片只能显示骨头的状况，而不能展示出腺体的状况，但他们认为过大的腺体会挤压骨头。如果从 X 射线片中能观察到错位的骨骼，就可以表明腺体出了问题。库欣在几年前研究垂体时也用到了同样的方法，即检查大脑中是否有损坏的骨骼。贝尔曼写道："这基本上是内分泌诊所和研究人员的常规做法。"

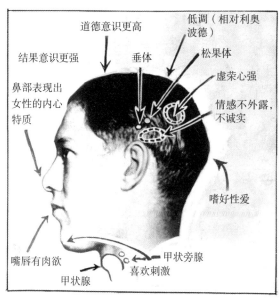

《纽约日报》上刊登的理查德·洛布的颅相学分析结果
《纽约日报》档案/《纽约日报》/盖蒂图片社

　　他们给利奥波德和洛布做的检查包括详细的生理和心理状况评估，花了 8 天、共计 19 个工时才完成，最终形成了一份 300 页、8 万字的报告。

　　在精神科医生走上法庭做证之前，其他专家——弗洛伊德分析学家——也被叫上法庭做证。其中一位分析学家描述说，利奥波德身材矮小、面黄肌瘦，但成绩优异。他研究尼采、鸟类，还有色情作品。据称，他会11种语言。他的朋友不多，但很喜欢洛布，他们偶尔会行云雨之事。而洛布不一样，他是一个金发蓝眼的迷人男孩，朋友众多，且男女都有，甚至在他被指控犯有谋杀罪之后还有不少女性追求他。精神学家认为洛布智力正常，虽然不像利奥波德那么出众，但他有"婴儿情绪特征"。

8月8日，辩方的内分泌专家哈罗德·赫尔伯特拿着几叠纸和文件夹走上证人席。跟之前做证的灰发医生比起来，赫尔伯特显得更年轻，但也更紧张。尽管他事先在达罗团队接受了训练，但却无济于事。他一直在翻笔记，也没有和检方律师进行眼神交流。检方律师对弗洛伊德式的分析结果提出质疑，认为这些结论都是基于罪犯的谎言得出的。在进行辩论时，赫尔伯特试图证明他的激素证据无懈可击。

虽然数据是可靠的，但对数据的解读却有可能多种多样。科学家从证据中得出的推论不总是那么直接，但他们仍会受到既有看法的影响，毕竟他们的眼界也会局限于当时的认知水平。科学发现既有可能因为这些大胆的推论而取得进步，也有可能因此走偏。

库欣对大脑肿瘤做出了激进的推论，但事实证明他是正确的，只不过他的部分数据没有得到正确的解读。多年后，一些专家可能会认为病人其实没有长肿瘤，这样的事情经常发生。只有事后的研究才能帮助我们看清楚，科学家到底是开路先锋，还是好心办了坏事，让人误入歧途。

鲍曼和赫尔伯特的报告跟其他证据显示，命案的元凶洛布的多种腺体功能紊乱。他的新陈代谢速度比正常人慢17%，这被归因于他的腺体失控。利奥波德的新陈代谢速度比正常人慢 5%，不算显著异常。但是，X 射线片显示他有严重的脑损伤。他的蝶鞍点完全关闭，而垂体就位于蝶鞍点。更糟糕的是，他的松果体也钙化了。

"这应该可以证明利奥波德存在内分泌紊乱的问题。特别是松果体和垂体，以及无意识植物神经系统，这一部分跟心血管功能低下有关。"

松果体因为外形长得像松子而得名。它位于大脑深处，和豌豆大小一样。随着年纪增大，松果体会逐渐钙化，但专家认为，利奥波德的松果体钙化得太早了。笛卡儿认为松果体是灵魂的所在之处。海伦娜·布拉瓦茨基认为松果体是人的"第三只眼"，她在 20 世纪初开创了一种新的哲学，"第三只眼"的说法至今仍在瑜伽界流行。现在我们知道松果体会释放褪黑素，控制生物节律，即身体时钟。但在利奥波德和洛布犯案的时代，松果体被视为与性和智商相关。专家认为，因为巴贝的松果体发生钙化，所以他的性欲过于旺盛。即使他正值盛年，性欲也比一般人强。

专家证词指出，紊乱的激素腺影响了利奥波德和洛布的行为，这正是达罗求之不得的证据。赫尔伯特补充说，这些缺陷使"他们身上不具备正常人应有的克制"。多日的审讯之后，赫尔伯特向检方强调："在洛布一案中，我在对其精神状况进行评估后认为，洛布的内分泌疾病导致他仍然停留在青春期……并做出了这种不当行为。在此案中，这都是上述原因造成的结果。"

现在，精神科医生、内分泌专家和律师都可以退场了，交由宽宏大量的约翰·卡佛利法官来决定这些专家的证词是否有效。两位被告均已认罪，现在他要做的是根据证据量刑，而不是审判。《利奥波德与洛布：世纪之罪》一书的作者哈尔·希格登写道："这场世纪审判也因此失去了'审判'的意味。"

1924年9月10日上午9点半，两位被告的家人、律师，还有来自全美国各地的记者共200多人把法庭挤得满满当当。其他芝加哥市民则停下手中的事情，将收音机调到"芝加哥之声"电台，收听案情直播。卡佛利法官认为，专家的医学分析推动了犯罪学的进步，并且"对案件的审判有一定的实用性"。然而，他补充说："这些信息并未影响到法院对于此次案件的审判。"简单来说，法官认为，虽然被告的罪行明显与内分泌紊乱相关，且他们的犯罪行为的确是由激素水平异常导致的，但他们也不应因此逃脱谋杀的罪名。

两名罪犯最终因谋杀罪被判终身监禁，他们将在伊利诺伊州的乔利埃特监狱度过余生。由于两个人都很年轻，法官没有因谋杀罪宣判他们死刑；对于抢劫罪，他们都被判处99年徒刑。[①]

1936年1月28日，洛布被狱友詹姆斯用刀片杀死，詹姆斯自称是在洛布企图性侵他时实施了正当防卫。利奥波德则表现良好，服刑34年后获得假释。1958年2月5日，他搬到波多黎各，成为一名医务技师，并娶了一位医生的遗孀特鲁迪·费尔德曼。他于1971

---

① 乔利埃特监狱1858年设立，2002年关闭，曾为1980年电影《蓝调兄弟》、2006年喜剧电影《同居牢友》和美剧《越狱》的拍摄地。

年8月29日死于心脏病，终年66岁。他的遗体被捐赠给波多黎各
大学，但没有指明是否出于什么特别的原因。也许，他的遗体早
就被医学院的大一新生用来做切片练习了，但似乎没有人研究他
的腺体。

第 5 章

性激素：返老还童

心理内分泌学家路易斯·贝尔曼有一个大胆的想法：通过激素创造一个更美好的社会。在这个社会里，没有罪恶、没有肥胖、没有愚昧；在这个社会里，化学平衡是社会安定的保障。贝尔曼认为，没有什么问题是激素治不好的。这是激素专家创造的乌托邦。维也纳的生理学家尤金·施泰纳赫的想法也很大胆，但有些许不同。贝尔曼构想的宏图很伟大，而施泰纳赫则着眼于细节，他想从每个个体出发。自 1920 年起，施泰纳赫花了将近 20 年时间，开展了迄今为止最广泛也最具争议性的"复兴"运动。他声称，输精管结扎有助于增强性欲、提高智力、提升能量，以及改善衰老带来的几乎所有问题。施泰纳赫相信，阻止男性精华的流失可使其不断积累，从而产生更大的效果，就像交通拥堵会造成车辆聚集在原地一样。

从科研证据的数量和质量来看，输精管结扎术的益处并不突出。但如果从广告宣传和愿意为此付费的人来看，这项手术在全球范围内都获得了成功。它实在是太出名了，以至于施泰纳赫的名字变成了动词，意思是"为了恢复年轻活力而做输精管结扎手术"。弗洛伊德"施泰纳赫"了，诗人威廉·巴特勒·叶芝也"施泰纳赫"了。

但施泰纳赫本人却没有"施泰纳赫"。这也许是他看起来一点儿也不年轻的原因。他在大力宣扬这种手术时，看起来就很老了，下巴上蓄着长长的白胡须，嘴上翘着八字胡，身着黑色素装——也许穿在丧葬人员身上更合适。

施泰纳赫也从未亲手"施泰纳赫"过任何人，他虽然是个医生，但他没有病人。相比看病，他更喜欢先在实验室里给老鼠做手术，然后教他的医生朋友怎么在人身上做手术。他说，所有的输精管结扎术必须有他在场监督才能保证有效，他肯定监督过几百例这样的手术。然而，还有成千上万个病人在施泰纳赫不在场的情况下被"施泰纳赫"了。

20世纪20年代是内分泌学发展的辉煌时期，繁荣的背后不乏各种浑水摸鱼的人。新突破和虚假疗法的出现速度不相上下，真真假假的理论看起来也都差不多。两类人群中都有不靠谱的偏方，说能治好这类病痛。对消费者来说，要从中辨别出真假十分不易。也许人们会认为，真正的医生把医学当作信仰，即使手术结果和预期不一致，医生的本意起码还是好的，毕竟他们都受过正规的教育，也加入了知名机构。相比之下，那些骗子只是为了挣钱，明知药物无效，却信口雌黄地推销。但是，更多的人介于这两者之间，不容易分辨。而且，谁能确切地知道别人的真实想法呢？要想分辨出真假医生并不容易。

受人尊重的巴黎医生塞尔日·沃罗诺夫把猿的睾丸移植到一个男人身上，以增加他的男子气概。但是，医学界认为他这一次是好心办了坏事。遭人唾弃的"山羊医生"约翰·布林克利贩卖山羊睾丸，并告诉人们它能增强性欲，由此赚得盆满钵满。客户可以从他的农场里挑选他们最喜欢的山羊睾丸，然后去厨房接受手术。手术由布林克利主刀，他的老婆当助手。但布林克利并不是医生，他的医学学位是在意大利买的。

真正的医学专家担心虚假医疗会削弱严肃医学的可信度。"内分泌学乱象丛生，损坏了我们这个职业的信誉，可恶又可悲。"分泌学家汉斯·利瑟在给库欣的一封信中写道，"这些乱象的根本原因在于人们的无知，以及商业的贪婪。内分泌学即将变成一门龌龊的生意，贻笑大方。是时候让人们知道真相了，不论说真话的代价有多大。"

就像巴黎的沃罗诺夫一样，人们把施泰纳赫视为真正的科学家，而不是江湖骗子。施泰纳赫发表了50多篇文章，11次被诺贝尔奖提名，并主管欧洲最著名的实验室之一（并不是因为输精管结扎术，而是因为他在性激素方面的研究）。他发现精管之间的细胞（间质细胞）能产生雄激素。

施泰纳赫实施的增强性欲的手术建立在一个传播了几百年的理论上。从古代开始，治疗师就把动物睾丸和卵巢碾碎制成药剂，再脱水制成粉末，最后与食物或其他药物混合。1889年，巴黎神经学家夏尔·爱德华·布朗–塞加尔将豚鼠和狗的睾丸分泌物混合起来，注射到自己体内。他当时已是72岁高龄，但他认为这次注射提高了他的性欲、力量，让他的小便射得更远，使他的肠道蠕动更规律，他感觉自己一下子年轻了30岁。然而，施泰纳赫认为他的研究方法比布朗–塞加尔的更加科学。布朗–塞加尔在1889年6月1日宣布了自己的发现，他觉得这一天就是内分泌科学诞生的日子。但并不是所有人都相信他的理论，许多同行甚至不敢相信，已经在医学界取得如此巨大成就的人竟然会做出如此不靠谱的研究。布朗–塞加尔的理论也受到了媒体的挖苦。一份德国医学期刊写道："布朗–塞加尔通过睾丸提取物得出如此惊人的发现，真是老年人染色体畸变的典型表现。"一位科学家认为布朗–塞加尔的授课"进一步证明让70岁的教授退休是多么有必要"。

然而，布朗–塞加尔的睾丸注射液还是成了风靡一时的产品，被渴望年轻的人群追逐。这个药方流行了5年，直到布朗–塞加尔去世。他去世时76岁，这对普通人来说很正常，但对一个通过注射睾丸得到新生的人来说似乎早了些。毫无疑问，他的死给了睾丸注射液致命一击。

施泰纳赫认为，输精管结扎术在提升人体活力方面的效果比以前的方法都好，因为它既没有风险，又符合自然规律。他说，这个手术（将输精管切断再结扎）只要20分钟就能完成，并且非常安全。他还补充说，提升自体激素水平的做法要比外体补充的效果更好。

男人们争先恐后地做输精管结扎术，只为了变得更强壮、更有智慧、更性感。叶芝说结扎术"重新焕发了我的创造力和性欲，直到我死去的那一天也不会减弱"。一位61岁的老人（施泰纳赫记录的众多病人中的一个）在做手术之前心情忧郁，易感疲劳，还失去了性欲，他声称手术"让我的记忆变好了，我的理解能力也变强了。我现在感觉自己就像一个四五十岁的人，心情愉快，情不自禁地想要唱歌"。

输精管结扎术的流行和衰亡是安慰剂效应或广告效应的最好例证。能否在正确的时间和地点出现，可能会使产品的未来有云泥之别，这对很多行业（包括医疗行业）来说都一样。施泰纳赫生活的时代有大量的人愿意尝试新型激素疗法和自我提升的偏方，并且有能力为此付费。

美国和欧洲时值两次世界大战的间隙，人们逐渐对国外的事情失去了兴趣，并开始关注自身。这时，自助类书籍大卖，神棍治疗师横行。只要你愿意买单，就可以躺在沙发上让弗洛伊德派的心理学家来治疗你。女人们争相购买节食书，忍受饥饿，直到把自己的身体塞进低腰裙里。男人们则纷纷阅读增肌杂志，想从健身达人那里学几招，比如伯纳尔·麦克法登，他是查尔斯·阿特拉斯的学生，掀起了健身热潮。致力于自我提升的公司，乘着广告业繁荣的东风把产品播撒到消费者的心中。广告让奢侈品变成了必需品，汽车和冰箱不再是富人的专属物，而成为每家每户的必备物品。家用电器一个接一个地被发明出来，比如弹出式烤面包机、衣物甩干机、电动剃须刀等。和购物潮一起被点燃的，是人们为健康花钱的热情。不像那些只能用来炫耀的奢侈品，这些新奇时髦的东西被认为对生活品质至关重要。迈克尔·佩蒂特在他的文章《腺体功能》中把20世纪20年代的内分泌学称作"一种自我技术"。

施泰纳赫一开始的目的并不是创造让人们疯狂的回春神术，他的想法很低调，也很学术。他只想研究大鼠性腺的生物学原理，并借此了解人类的生理特征。

科学需要依赖好奇心和怀疑心才能进步。优秀的科学家不会只局限于新发现，他们也会考虑数据的合理性，并思考如何改善现状。好的科学家不会放过任何一个逻辑漏洞，因为他们致力于挖掘真理。

施泰纳赫就是这样的人。1892年，他还是一个年轻的研究员，那时他不会想到有一天他会因为输精管结扎术而闻名于世。他偶然间看到了一项有关青蛙交配的研究，这让他既感兴趣又有些苦恼。该研究描述雄蛙在交配时会紧紧抱住雌蛙，像涂了强力胶似的，直到射精后才肯松开。研究者做出了一系列猜想，来解释这个过程中的激素原理。他说，雄蛙的前列腺和睾丸旁有一个充满液体的组织，当它靠近雌蛙时，这个组织会膨胀并挤压附近的神经，使后者释放电信号。信号会快速传递至大脑，大脑收到信号后又会传递出信息，增加蛙爪的黏性，使雌蛙和雄蛙在交配时能够紧紧地贴在一起。当精液射出后，精囊会像泄了气的皮球一样瘪下去，减小对附近神经的挤压。这时，信号又会传递至大脑，降低蛙爪的黏性。简言之，性欲通过组织肿胀并压迫神经得到释放。

　　施泰纳赫对这种说法表示怀疑："在我看来，这是有问题的。为什么对生命繁衍如此重要的本能行为只能通过精囊的膨胀来实现呢？这种方式仅依赖于身体的局部，根本不可靠。"精囊位于前列腺和膀胱之间，分泌液体，以保持精液的黏度稳定。我们现在知道，这个理论不但把雄性附着在雌性身体上的原因搞错了，就连蛙爪有黏性这一点也是错的。青蛙在交配时的确会抱成一团，但它们并没有被黏住。雄蛙会紧紧抓住雌蛙的背后（叫作"抱对"），直到雌蛙身体抖动，向水中排出受精卵之后才会松开。

　　施泰纳赫接下来开展了一系列实验，去证伪之前的神经理论。斯塔林的实验证明控制胰腺的是激素，而不是神经，施泰纳赫想要证明性欲的控制因素也是激素。

　　施泰纳赫先把4只大鼠的精液分泌腺摘除，以验证之前的精囊–神经理论。如果性欲（在这个实验中，用公鼠追逐母鼠的意愿程度测量）由神经来控制，那么这4只没有性腺的公鼠将对母鼠毫无欲望。但结果显示，公鼠仍然追在母鼠后面，不愿放弃。这让施泰纳赫十分激动，他写道："我见证了不可能之事的发生。被摘除性腺的公鼠和正常公鼠一样，先是犹豫了一会儿，然后就不停地往母鼠身上爬，母鼠只得不停地反抗。这场性爱战争在持续了两天后平息下来，但到了晚上，手术后的公鼠仍然兴致高昂。"1894年，他将这个实验结果发表在德国的科学期刊上，文章标题为"雄性性器官生理特征的对比——副性腺研究"。通过这次研究，他证实了一位知名学者的错误，但也引出了一个问题：性欲到底是由什么驱动的，是激素吗？

施泰纳赫指出，接下来的研究重点应放在激素信号而不是神经上。他的想法和库欣、贝尔曼很相似，库欣研究的是肥胖人群的垂体，贝尔曼研究的是罪犯的内分泌腺。施泰纳赫认为，性欲受血液里激素的影响，而不是受错综环绕的神经元的影响。施泰纳赫记录说，在20世纪以前，研究者只是模糊地知道欲望来源于体内的微小腺体。原话是这么说的："一开始，大家假设所有的复杂现象都是由神经引起的，性腺的唯一作用就是刺激周围的神经末梢。"然而，施泰纳赫对腺体的了解更多，并相信它们的力量比神经更强大。

他并不否认神经与性欲、青春期都有关，但他认为对这两者起到关键作用的不是神经。他感到好奇，内分泌是不是也能解释男女之间的性格差异？"我们不用看书也知道，"他写道，"男性更强壮、更有能量，也比女性更有事业心；而女性更温柔、更愿意牺牲、更需要安全感，也更擅长处理家务事。"这位科学家的意思是不是激素让女人更愿意留在家里照顾男人？

施泰纳赫借鉴了阿诺德·贝特霍尔德的实验方法，把大鼠的睾丸摘除，然后观察它们如何衰老。接下来，就像贝特霍尔德一样，施泰纳赫把睾丸植入了大鼠的肚皮。让人惊喜的是，大鼠恢复了之前的活力。贝特霍尔德在半个世纪之前就证明，睾丸不管长在哪里都能起作用。

支持内分泌理论的数据越来越多，但真正激起施泰纳赫好奇心的是情绪与性的谜题：大脑和情绪能影响激素分泌吗？1910年，他设计了一个实验，想弄清楚如下问题：公鼠对母鼠的兴趣是先天的还是从其他公鼠身上习得的？公鼠是受到了母鼠分泌物的影响，还是天生就有这种欲望？

　　他将 10 只公鼠放入 7 个笼子，其中 4 只在同一个笼子里，另外 6 只分别放在 6 个笼子里，所有公鼠都没有机会和母鼠接触。在公鼠 4 个月大时，施泰纳赫在每个笼子里放了一只发情的母鼠。"所有公鼠都马上变得很兴奋，开始了激烈的求偶表演，并对笼子里的其他公鼠表现出攻击性。"简言之，公鼠为了抢先接近母鼠而互相竞争。

　　之后，施泰纳赫又将这些公鼠与母鼠隔离开，每月让它们见一次面。8 个月之后，施泰纳赫发现这些公鼠逐渐失去了性欲。即使公鼠有兴趣与母鼠交配，与异性的长期隔离也使得它们的性欲减退了。他认为这证明了激素与大脑之间的联系：激素水平需要靠刺激大脑来维持。他没有观测公鼠之间的性吸引行为，也不关心母鼠的性欲，他只研究了对母鼠有兴趣的公鼠。

　　接下来，施泰纳赫又将实验做了一遍。这一次，他在笼子中间设置了铁丝屏障，屏障的另一边是母鼠。这样一来，公鼠和母鼠就可以互相闻到对方的气味，但无法交配。几周后公鼠的情欲恢复了。"它们会毫不犹豫地展开追逐，我认为这是寻求交配的信号。除了性欲，它们的活力、坏脾气、攻击性和同性之间的妒忌也一同恢复了。"

　　施泰纳赫将这些公鼠解剖后发现，与雌性长期隔离的雄性的精囊和前列腺都缩小了，比那些和雌性保持接触的雄性要小。施泰纳赫认为，这再次证明了心理因素对性欲的强大影响，从而推翻了神经理论。（当然，他在几年后宣传输精管结扎术时把心理因素的影响忘得一干二净。)

对施泰纳赫来说，这些实验在解决已有问题的同时也带来了新的疑问。在观察了啮齿动物的调情行为之后，他对性腺的性别特异性产生了兴趣。卵巢或者睾丸是不是性别的开关？是睾丸让男孩成长为男人吗？如果是这样，把卵巢移植到阉割后的雄性个体（无论是老鼠、狗，还是人类）身上，该个体还会成长为成熟的雄性吗？

施泰纳赫将两只公豚鼠阉割后给它们移植了卵巢，同时把母鼠的卵巢换成了睾丸，并观察它们的行为和外表。结果，公鼠长出了大乳头，皮毛光滑，并且"像其他雌性一样具有天生的母性特征，愿意照顾其他同伴，很有耐心"。相比之下，移植了睾丸的母鼠长出了更大的阴蒂，皮毛更粗糙，"举止也和公鼠一样"。他记录道："一旦它们闻到母鼠发情的气味，就立即开始激烈的求偶行动。它们锲而不舍，一次又一次尝试进行性接触……它们大脑里的情欲偏好和公鼠毫无差别。"根据实验结果，他认为性腺是造成男性阳刚、女性阴柔的根本原因。他于1912年以"将雄性哺乳动物的表征及心理转变为雌性的人工方法"为题发表了实验结果。施泰纳赫认为他发现了同性恋的根源：异常高水平的雌激素，而不是错误的养育方式。这一发现否定了当时的主流想法，他声明，没有人是百分之百的男性或女性①。他猜想，婴儿在某个发育阶段

① 几十年后，阿尔弗雷德·金赛发文称，性别是一个连续谱。每个人的异性恋程度都可以用金赛量表评估得出，只有极少数人会得到极端值。如果你去金赛中心，你可以买到一件定制T恤衫，上面会标注你的量表得分。

是不分生理性别（那时还没有"社会性别"一说）的，发育成男性或女性都是有可能的，最终的性别取决于哪种性激素发挥了主导作用。因此，早期适时介入婴儿发育也许能控制其最终的性别。但他也补充说，性取向是无法通过这种干预改变的。"生物最重要的决定——以男性还是女性的方式生活，"他写道，"已经不再由大自然决定了。"奥地利讽刺作家卡尔·克劳斯称，他希望施泰纳赫把女权运动家都转变成家庭妇女。

施泰纳赫认为，这些发现能解释为什么有些婴儿的外生殖器不明（那时被叫作"雌雄同体"），这是因为它们没有一个占据主导位置的性别。他还在男同性恋者的间质细胞里发现了一种性取向正常的男性没有的大型细胞，并将其命名为"F细胞"，他指出 F 细胞看起来就像卵细胞。施泰纳赫猜测 F 细胞能分泌雌激素，几位荷兰医生同意他的观点，并认为施泰纳赫的发现不仅能解释同性恋行为，还能解释异性恋男性在全同性环境中的"异常"行为，比如监狱或者男生寄宿学校里。他们称之为"假性同性恋行为"。

那么，这些和输精管结扎有什么关系？施泰纳赫结合这些证据和他做出的假设，提出了他的观点：输精管结扎术可以提升智力和性欲水平。他认为他的研究证明性腺和心理状态之间的关系密不可分，而且一个人的雄激素（睾酮当时还没被分离出来，也尚未命名）越多，他就会表现得越放荡，也越有攻击性。他还认为，如果一个组织遭到破坏，它旁边的组织就会对其进行过度补偿。比如，在堵住输精管后，他发现它旁边的激素分泌细胞增长了好几倍。现在的科学家知道这并不正确，细胞不像杂草，不会因为旁边的花草被拔掉了就开始疯长。

20世纪20年代末，施泰纳赫在年事已高的两岁大鼠身上测试了他的理论。"这些老家伙令人同情。"他写道。它们耷拉着脑袋，基本上一天到晚都在睡觉，就连有母鼠经过，它们也无动于衷。然而，在做了输精管结扎术的一个月后，大鼠"重焕新生"。"它们变得活泼、好奇，对周围发生的事情更感兴趣。"他描写道，"如果在它们身边放置发情的雌性，它们会立马从窝里爬起来去追逐，不停地闻来闻去，并试图爬到雌性背上。这些迹象显示，它们的生理和心理都被成功地重新激活了。"

1918年11月1日，施泰纳赫的朋友罗伯特·利希腾施特恩以激活生命力为目的实施了第一例输精管结扎术。他的病人名叫安东，是一名43岁的马车司机。他来问诊时看起来既疲劳又瘦弱，说自己呼吸困难、无法工作。在一名当地麻醉师的帮助下，手术开始了。利希腾施特恩将病人的阴囊划开，将输精管切断，并扎紧两端。输精管结扎术现在的操作流程和那时差不多，只不过创口更小，而且不会承诺让人变得更年轻或者性欲更强。一年半后，安东变成了一个年轻人，或者说变成了一个行为举止都像年轻人的中年男人。他的医生记录说，安东的皮肤光滑细腻，身材挺拔，并且能精力充沛地工作。

很快，欧洲和美国的医生也都写信向施泰纳赫报告他们的手术结果。80岁的老伯说自己恢复了活力，记忆力和经商能力也都恢复了。一位纽约医生在给83岁的股票交易员做完手术后，报告说他的病人的"健康情况令人惊讶地得到了改善"。术前，他连路

都走不稳；而术后不久，他就变成了一个成功的商人，小便顺畅，
视力也变好了。

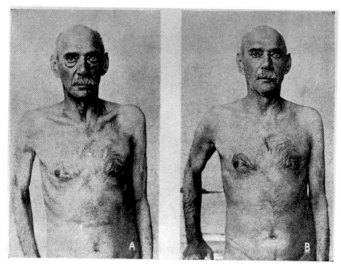

一位 72 岁的老人在手术前后的对比图
伦敦惠尔康图书馆供图

记者们争相报道。《纽约时报》在 1923 年写道，"腺体疗法风
靡美国"。《巴尔的摩太阳报》用"新的返老还童术来了"为标题
预告施泰纳赫将到美国做学术演讲。但施泰纳赫最终没有去美国
做演讲，因为他讨厌宣传活动，并拒绝了采访。他抱怨美国媒体
歪曲了事实，因为他认为手术并不能让人永远保持年轻。不过，
他倒是一点儿也不谦虚，自认为改变了全人类的命运。谨慎的医
生担心，施泰纳赫的输精管结扎术会和其他骗人的疗法一样损害
医学的声誉，吓跑潜在的医学院学生。"我们的失败案例已经足够
多了。"范布伦·索恩在《纽约时报》上写道。有些医生认为这只

是安慰剂效应，美国医学会的会刊编辑莫里斯·菲什拜因认为输精管结扎术是"糊弄人的把戏"。但施泰纳赫并不这样认为，因为好几个医生都在病人不知情的情况下给他们做了手术，并且效果不错。有的病人本来要做疝气手术，有的要做切除囊肿的手术，还有的要做生殖器的其他手术，后来他们都在不知情的情况下接受了输精管结扎术。几个月后，当医生询问病人是否感觉变得更聪明、更年轻、更有性欲时，几乎每个人都给出了肯定的回答。（那时还没有手术知情同意书，使得输精管结扎术可以在不告知病人的情况下进行。现在，病人必须在术前签署协议书，并被告知手术的所有步骤。）

但这是否可以证明这种手术是有效的呢？志愿者可能不知道他们的输精管被结扎了，但他们知道自己做了其他改善健康的手术。当医生询问他们是否比术前感觉更好时，他们更倾向于给出肯定的回答。更重要的是，检验手术有效性的方法和现在的通行标准大相径庭。施泰纳德没有使用随机双盲实验的方法，也就是说，他没有像今天的医生那样把受试者分成实验组和对照组，前者接受真正的手术，而后者接受假的手术；他也没有保证手术的实施者和接受者都对手术人员的分配不知情，即做到双盲。这种现在通行的实验方法直到20世纪中叶才成为规范，而施泰纳赫只是符合了他的时代的标准。

这一系列的手术活动和公众的积极反应让他的手术变得家喻户晓，只是患者接下来的做法有些出人意料。一位名叫阿尔弗雷德·威尔逊的年过花甲的英国人为手术支付了700英镑，他在术后感觉很好，很想与公众分享他的经历。于是，他租用了伦敦的皇家阿尔伯特音乐厅（1877年理查德·瓦格纳在此举办过音乐会，1963年甲壳虫乐队也在此举办过演唱会），想公开告诉大家他的身子骨有多么硬朗，从而有力地回击质疑声。他的主题为"我是如何年轻20岁的"的个人表演门票迅速销售一空。这场表演计划在1921年5月21日举行，但就在演出的前一天，威尔逊因为突发心脏病去世了。各地的小报炸开了锅，但施泰纳赫坚持认为结扎术和威尔逊的死没有关系。

在那之后的一段时间内，这种手术仍然十分流行。在英国行医的一位匈牙利籍妇科医生诺曼·海尔写了一本关于输精管结扎术的书，讲述了他经手的20多个成功的手术案例（奇怪的是，居然有男性去找妇科医生给自己做输精管结扎术）。其中一位57岁的病人说，他的勃起变得有力多了，手术改善了"他与年轻娇妻不和谐的性生活"。1929年，在伦敦举行的一次国际性改革会议上，德国医生彼得·施密特表示，他做过600例结扎术，效果都很棒。

如今，尽管有的研究发现在输精管结扎术后非常短的一段时间内，睾酮可能会有一丁点儿的增长，但是，这种影响几乎可以忽略不计。也就是说，输精管结扎术除了让男性停止射出精子以外，什么用处都没有。虽然施泰纳赫的手术被证明无效，但让他受到重创的并不是这样的科学事实，而是睾酮被成功地分离出来。毕竟，相较做手术，吃药更容易。

施泰纳赫在阐述输精管结扎术的原理时，搞错了一个事实，那就是间质细胞并不会因为手术而增加。不过，他的大部分想法还是正确的。比如，他发现间质细胞是男性产生性激素的主要来源，他也是第一个指出性欲是性腺和大脑神经相互作用的结果的人。另外，虽然不值得倡导，但他开启了性激素这门生意，还有以性激素为基础的回春药物市场。

尽管有些疯狂，但这个故事里的科学成分确实存在。科学家将生物与化学知识结合起来，迈入了实验研究的全新领域。许多新发现都成了新闻头条，比如雌激素、黄体酮和睾酮。[①]不过，在这些令人激动的发现中，有一个很容易被忽略。关于它的最初研究始于20世纪20年代末的德国，并在10年后的美国巴尔的摩市开花结果。在这里，一位年轻的医学院女学生居然认为她可以解开一个医学谜题。

---

① 雌激素和黄体酮于1929年被分离出来，睾酮的分离时间是1931年。

第 6 章

孕激素：神医侠侣

　　将近半个世纪以来，乔治安娜·西格·琼斯和她的丈夫小霍华德·琼斯一直共用一张桌子办公。这是一张老式红木办公桌，两端都装有抽屉，方便两个人同时工作，但只需占用一个人的空间。

　　让琼斯夫妇闻名于世的不只是他们对彼此的忠诚。1965年，他们和剑桥大学的罗伯特·爱德华兹在实验室里成功地给人类的卵子进行了人工授精，这是世界上的第一例。爱德华兹于1978年完成世界上首例试管婴儿手术；3年后，琼斯夫妇完成了美国首例体外授精，并开创了现代试管婴儿行业。

　　很少有人知道，琼斯夫妇是在退休之后才开创了试管婴儿事业的。更少有人知道，早在用培养皿培育婴儿之前，乔治安娜·西格·琼斯就已经在通常只有男性从事的内分泌学领域写下了浓墨重彩的一笔。

霍华德·琼斯与乔治安娜·琼斯，1958 年
奥尔·布莉博迪内摄

　　这次伟大的旅程始于1932年2月29日。大四学生乔治安娜·西格在父亲的坚决要求下，去约翰斯·霍普金斯大学上了一堂课。她的父亲是一名妇产科医生，而讲课的是神经学与内分泌学的先驱哈维·库欣。西格和琼斯的爱情故事就是从这一天的傍晚开始的。琼斯的父亲也是一名医生，他于1910年亲自接生了琼斯。小西格和小琼斯的父亲常在周末看望病人，他们俩便经常在医院的草坪上一起玩耍。几十年来，西格一直说那个傍晚改变了她的人生。或者，用琼斯的话说就是："我觉得，她的意思是我们俩在那时才真正志同道合地走在一起，也许改变她人生的根本原因不是我，而是库欣关于内分泌异常的演讲。那次演讲让她非常兴奋，她自此决定把内分泌这个新兴学科作为她在妇产科的主要研究方向。"

如她父亲所愿，西格在第二年被约翰斯·霍普金斯大学医学院录取了。对西格倾心的琼斯当时在读大二，他在解剖台旁发现了西格。西格和阿尔·施瓦茨正在解剖同一具尸体。施瓦茨和琼斯从本科开始就是朋友，这给了琼斯约西格出来的机会。在约翰斯·霍普金斯大学医学院，"约会"就是在图书馆一起学习。而对西格和琼斯来说，则是一起在病理学实验室用显微镜观察卵巢切片。后来终于有一天，琼斯觉得是时候和西格来一场真正的约会了。

琼斯鼓起勇气，邀请西格在感恩节一起骑马，因为他听说她喜欢骑马。但那天早上突然下起了大雨。"不知道为什么，我竟然没问她要不要干点儿别的事情。"琼斯在80年后回忆道，"我不知道自己是怎么了，但我确实没问。"感恩节后的一个月，他们终于约会成功了，那是1933年的新年，阳光明媚。他们一起开车去了巴尔的摩北部的马场。

"那时候，进入医学界的女性都被称为'母鸡大夫'。这种称呼包含着一种去女性化的暗示：平底鞋、素色裙子。"琼斯说道，"我觉得那是学术范儿。不过，穿成那样意味着你可能这辈子都结不了婚。"100岁的琼斯翻着他和西格年轻时的黑白照片，记忆犹新地说："她和别人不一样，她穿着高跟鞋，衣服漂亮，人也优雅。"

当他们还是医学院的低年级学生时，琼斯想到了和西格每周至少共进一次晚餐的办法。他成立了一个俱乐部，邀请了几十位学生和导师，这样的饭局显得名正言顺。俱乐部的目标（除了和心仪的女生聊天以外）是讨论新出版的医学书：《性与内分泌》。这是一本厚重又充满洞见的关于性与性激素研究的书，任何对这类研究感兴趣的人都能从中得到收获。这本书的主编是圣路易斯华盛顿大学的埃德加·艾伦和爱德华·多伊西教授，他们在1929年因为成功提取出雌激素而获得了不小的声誉。书中各章节的作者来自多个领域，包括生理学家、生物学家、心理学家、昆虫学家、鸟类学家等。这是一本严肃又丰富的著作，涉及与性、性别和性成熟相关的最新话题，从交配行为开始讨论，然后是鸟类羽毛，接着是人类性别发育异常[①]。

琼斯称他的俱乐部为"性趣小组"。他们每周五下午5点在学校附近的餐厅聚餐，边吃饭边讨论那本书，每次一个章节。在第一次聚会时，他们一边吃着汉堡一边讨论性别分化问题。那时，婴儿性别的形成过程已为人熟知。胎儿在初期都长得差不多，但完全形成后，某种物质会让胎儿长成男性或女性的样子。它可能是某种化学因子，也可能是环境中的什么物质，比如孕妇的饮食。《性与内分泌》一书反复谈到一个问题：决定男性和女性特征的是什么？是染色体、激素，还是别的东西？

"男""女"这两个标签到底意味着什么？这些概念非常前卫，含义不清，并且复杂多变。书中也提到了"条件"性别和"非条件"性别，这种观点认为，雌激素促使胚胎发育成女性，而雄激

---

① 有意思的是，金赛早期的工作是研究黄蜂，也就是昆虫。也许，从昆虫转到人类性别研究是一种天然趋势。

素促使胚胎发育成男性。不需要激素刺激发育的器官是"非条件"的，比如男性的乳腺，即使没有雌激素的刺激，它也能长出来。

书中还提到，在性别分化的过程中，如果胚胎受到干预，它的性别就可以被改变，或者两性兼具。比如，这本书第一章的作者弗兰克·利利，也是芝加哥大学生物科学院的教授，曾经创造出间性牛（那时叫雌雄同体牛），他的方法就是给雌性胚胎注射雄性牛犊的血。他写道："每一个受精卵都有可能分化成两种性别，长出两种性别的特征。也就是说，每个个体都是雌雄嵌体或者雌雄同体。"

琼斯和西格深深为这本书着迷，当读完这本长达910页的书后，他们决定再读一遍。西格尤其努力，她除了上课、参加性趣小组之外，还在乔治·奥托·益实验室担任志愿者。她负责做怀孕测试，这个简单的技术工作最终帮助她完成了伟大的发现，因为西格不只是做着重复的机械性劳动，而是边做边思考其中的科学原理。

那时候的怀孕测试叫作A–Z测试，以它的发明者的姓氏首字母命名。两位发明者均来自德国，分别是塞尔玛尔·阿舍姆和伯恩哈德·宗德克。测试者先从待检女性那里取得尿液样本，然后将其注射到老鼠体内，大约100个小时之后检查老鼠的卵巢。如果老鼠的卵巢肿胀且伴有红点，则为怀孕。如果老鼠的卵巢没有变化，则为未孕。跟今天的验孕棒比起来，这个方法看起来又慢又笨拙，但它已经是那个时期最简单快速的方法了。在A–Z测试之前，女性需要等停经两三个月，并且医生听到胎儿心跳之后，才能确定有孕。

从20世纪30年代初期开始的几十年里，人们只能用A–Z测试验孕，只不过把老鼠换成了兔子，又把兔子换成了青蛙。这对动物来说算是一种进步，因为青蛙是体外排卵动物，医生不需要杀死青蛙去检查它们的卵巢。（20世纪50年代的人把怀孕委婉地说成是"兔子死了"。但这种说法毫无根据，因为无论是否怀孕，兔子总会被杀死，以接受卵巢检查。）①

医生们将怀孕测试称为"垂体前叶反应"（*hypophysen-vorderlappenreaktion*，即使对德国人来说，这个名字也很难念），因为他们认为生命激素是由垂体分泌的。这个名字使用的时间不长，不是因为它太长或太难念，而是因为科学家抓破了脑袋也想不明白：为什么是垂体？有什么证据吗？尿液里的东西来自大脑？是在开玩笑吗？

自从哈维·库欣发表了关于垂体的详细研究之后，科学家就假设垂体是所有激素的源头。的确，阿舍姆和宗德克在给大鼠注射了垂体组织之后，观察到它们开始排卵了。大鼠对垂体组织的反应和它们对怀孕女性尿液的反应非常相似。因此我们似乎可以合理地推断，垂体中的物质跟尿液中的物质相同。但是，他们没能从垂体中分离出这种物质。尽管这个推论似乎很有道理，但没有强有力的证据可以证明它。

这个推论足以说服大多数医生，再加上阿舍姆和宗德克在业界的知名度，便更加可信了。但是，有的医生仍然不买账。斯坦

---

① 我母亲在20世纪50年代做了验孕测试。除了支付医生的手术费外，还有3美元是使用兔子的费用。但她当时并没有怀孕。

福大学的研究员厄尔·恩格尔仔细观察后发现，孕期女性的尿液和垂体对卵子造成的影响并不一致。在注射了尿液之后，大鼠的卵巢中冒出卵泡，更多的血液流向逐渐成熟的卵细胞，接着黄体开始成长。然而，在注射了垂体组织之后，卵泡的确会被释放出来，但不会有其他现象发生，即供血不会增加，黄体也不会生长。（卵细胞生长所需的营养物质对受孕极其重要。它释放的激素会促使卵细胞成熟，从而与精子结合。它还能释放雌激素和黄体酮，让子宫做好受精卵着床的准备。）

在另一个实验里，研究人员虽然只用了十几只老鼠，但结果发现老鼠对胎盘的反应与对孕期女性尿液的反应一模一样。当把胎盘注射到年轻老鼠体内时，科学家看到卵泡肿大、组织充血和黄体激素产生，这说明尿液中的成分也出现在胎盘里。

1933年，西格试图解答让很多科学家头疼的问题，即如何从人体中分离出激素。那时她只是一个默默无闻的女学生，在一群知名男教授的光环下工作。她的实验室里有一台崭新的仪器——转瓶机，转瓶机能培养细胞，供科学家做研究之用。转瓶机现在已是实验室的必备仪器，但在那时是一项伟大的进步。奥托·盖创造了这种研究者梦寐以求的设备，让他们可以在人体外培养细胞，并能在细胞的发育过程中做研究，而不是观察一团已经死掉的组织。这台设备还提供了一种研究药物疗效的新方法。在这之前，研究者只能在培养皿中培育细胞，不论营养素多么高级，这些细胞总会死去。但在转瓶机里，细胞能持续得到新鲜的营养素，这就像淋浴和澡盆的区别——淋浴时身体不用泡在脏水里。

盖做什么事情都喜欢亲力亲为。他从巴尔的摩的垃圾场找来玻璃和金属，将玻璃制成他想要的试管，再把它们放到他自制的金属滚筒上。这些试管里装有细胞和营养基，它们以极慢的速度旋转，大约每小时转一圈。转动会将细胞推向瓶壁，并让营养基浸没细胞。按时通入二氧化碳，就可以维持适当的酸碱度。1951年转瓶机被用来制造"永生海拉细胞"，盖从一个名叫海丽埃塔·拉克（盖取了她的姓氏和名字的前两个字母组成"HeLa"，即"海拉"，为这种细胞命名）的病人身上取出子宫肿瘤细胞进行培养，并长年用于多个医学实验。

盖说话快，做事也快。他同时开展了很多实验，想从中寻找新的突破。他的妻子玛格丽特是一名执业护士，也是他的医务技师。她任劳任怨，帮助盖完成了很多基础性工作，确保盖的想法能够准确地实施。盖、西格和琼斯常在一起开午餐会，这让学生们有机会了解最新的科学进展和分析。正是在他们一起吃三明治的时候，西格听说了那个有关胎盘和垂体的研究。她问盖能不能把细胞培养机借给她测试胎盘激素理论。

盖同意了，但他没想到西格能发现这么伟大的理论。要想取得符合实验标准的胎盘并不容易。盖说，她不可以用顺产产妇的胎盘，因为这无法确定胎盘上的激素是在产妇体内产生的，还是在产道沾上的。剖宫产手术中获得的胎盘虽然符合实验要求，但在那个年代产妇采取剖宫产的比例非常低，仅为2%左右。不过，西格并没有因此退却。

西格很幸运，她的朋友路易斯·赫尔曼帮她找到了一个未被污染的胎盘。赫尔曼是约翰斯·霍普金斯医院的住院医师，但也到哈佛大学实验室工作了几个星期。他在实验室里碰到了一个罕见的病例，并从病人体内取出了胎盘。一位女士认为自己怀孕了，因为孕检结果呈阳性。可是，她的肚子里并没有婴儿。这是因为精子并没有整个进入卵子使其受精，而只是进去了一部分，从而促进了胎盘的生长。类似的案例并不多见。赫尔曼想起了西格的需求，在得到实验室负责人的允许后，他把这个胎盘装进瓶子里乘火车带回了巴尔的摩。

西格拿到这个胎盘后欣喜若狂。她把它碾碎后放入盖的转瓶机，然后开始观察细胞是否会分裂。胎盘细胞会对年轻母鼠的卵巢产生影响吗？结果是：会！她把样本注射到母鼠体内，观察到和注射孕期女性尿液同样的现象：卵巢肿胀、卵泡增大、黄体破裂。这个实验简单准确，虽然只用了一个胎盘，但结果显而易见。该实验提供了确凿的证据，证明产生孕激素的是胎盘，而不是脑垂体。

盖建议西格马上发表她的这一发现，同时寻找更多的胎盘来夯实结论。盖还建议她投稿给《自然》，因为这会比发表科学论文更快，他们就能尽早推翻原来的错误结论了。盖唯一的担忧是，由女性写作的论文被知名期刊发表的概率很小。于是，他建议西格用首字母代表她的名字，但要把中间名和姓氏写完整，即 G. 埃默里·西格。

这篇文章于 1938 年 9 月 30 日刊登在《自然》杂志上。盖把自己列为文章的第一作者，因为按照惯例，他是实验室里资历最深的人。西格觉得自己被轻视了，不过她并没有抱怨。玛格丽特帮西格做了很多基础工作，但也没有被文章提及。这篇论文有三个作者：盖、西格和赫尔曼。

第二年，宗德克应邀去约翰斯·霍普金斯大学做讲座，他坚持认为产生孕激素的是脑垂体。学校邀请相关人员在马里兰俱乐部共进晚餐，作为研究的关键人物，西格是唯一一个受到邀请的学生。但俱乐部规定，非俱乐部会员必须通过审核后才能参加。于是，俱乐部通知活动的策划者埃米尔·诺瓦克，西格不能参加活动，因为马里兰俱乐部只接受男性会员。诺瓦克因此大怒，他回信道："乔治安娜是这次晚餐最重要的客人，如果她不能来，我们就去别的地方。"俱乐部只好让步。

1942年，研究团队在《约翰斯·霍普金斯医院简报》上发表了一个大型实验的相关文章。阿舍姆和宗德克将孕激素重新命名为"普若兰"（prolan），源自单词"proles"，拉丁语意为"后代"。而西格称之为"绒膜促性腺激素"（chorionic gonadotropin），这个名字准确地描述了这种激素的功能：一种在胎盘绒膜上生成的促进性激素产生的物质。这个实验包含7个胎盘的研究结果：两个异位妊娠，两个足月的剖宫产，三个葡萄胎。异位妊娠是指胎儿在子宫外的输卵管内发育，这种情况需要做手术。葡萄胎是类似于肿瘤的疾病，推动了最初的胎盘研究。西格于1945年3月15日在新奥尔良向美国生理学会展示了这次实验的研究成果。她的命名"绒膜促性腺激素"被接受了。后来，她又加上了一个单词——人类（human）。因此，这种激素如今的名字叫作人类绒膜促性腺激素（hCG）。它常用于试管婴儿技术，以提高受孕率，这也是琼斯夫妇开创的技术。

西格不仅揭开了医学谜题、命名了孕激素，还成为历史上第一个在马里兰俱乐部用餐的女性。而且，这些都是在她毕业之前完成的。

那个年代，医学专业的学生之间还不允许结婚。1940年，霍华德·琼斯和乔治安娜·西格在他们结束医学训练的当天，就在教堂里举行了简单的结婚仪式。几年后，美国对日本宣战，琼斯应征入伍。西格当时刚生下第二个孩子，第一个孩子也才两岁，但她毅然决然地提出了随丈夫上前线的申请。然而，她还是被拒绝了，虽然她告知审核人员小孩有亲戚和保姆照顾。

一旦上了前线，军队就禁止军人告知家属自己的去向。但是，他们俩想到了一个办法。参军前，琼斯和西格买了两张一模一样的欧洲地图。参军后，琼斯每次写信都会把纸和地图用同样的方式对齐，然后根据他所在的地图上的位置在信纸上戳一个小洞。这样，当西格收到信时，她只要把信纸和地图对齐，然后根据信纸上的孔对应的地图上的位置就能知道她的丈夫在哪里了。战后，他们又生下了一个孩子，并回归医学事业，在同一张桌子上办公。自那时起，病人便称呼他们"霍医生"和"乔医生"。

乔医生一头短发，衣着朴素，言谈举止间透露出自信。她的判断非常准确，这让她在众多男性医生中树立起威信。她查房的标准也和男医生不一样。20世纪中期的医疗培训要求医生与病人保持距离，但乔医生说话温柔且充满关爱。一名病人回忆说，在她被送往手术室的路上，乔医生凑到她耳边鼓励她。

她从不人云亦云，而是靠数据做出诊断。20世纪50年代，她在仔细分析了己烯雌酚（DES）的药效后，便不再给病人开这种药。这是一种合成雌激素，用于预防流产，在哈佛大学和其他大型医疗机构被广泛使用。1971年，即己烯雌酚上市的20年后，它的副作用终于被揭示出来：它可导致阴道癌、胎儿畸形，以及女性不孕。

乔医生晚年患上了阿尔茨海默病，自此以后，霍医生也不再给病人看病了。"她不在就没意思了。"霍华德说。但他仍然会去办公室阅读文献资料，也会外出参加学术会议，并且尽可能地带上乔医生。他们的行政助理南希·加西亚在办公室里准备了卷发棒，随时给乔医生美发。"每当乔医生走进霍医生的办公室，霍医生都会对她说：'乔治安娜，你今天真漂亮。'"加西亚回忆道，"她愿意听他这样说。"乔治安娜·西格·琼斯于2005年3月26日去世，享年95岁。

琼斯夫妇的一生见证了生殖内分泌学的发展。他们始终站在学术前沿，他们的研究成果为性激素的发展铺平了道路，但也在他们退休后多年引起了广泛争议。

第 7 章

制造性别：间性人的困境

　　1956 年夏，凯瑟琳·沙利文在新泽西的西哈得孙医院生下了一名婴儿。医生用扩张钳把婴儿从产道中拉出来后，往新生儿的两腿之间看了看，随即陷入了沉默。这是凯瑟琳的第一个孩子，她不确定别人生小孩时医生会说些什么，可能会说"啊！是个男孩儿！"或者"是个女孩儿！"之类的话。可是，她的医生什么也没说。

　　医生也很困惑，因为这个婴儿的阴部既不像男孩也不像女孩，他不知道该如何把这个事实告诉孩子的母亲。作为医生，承认自己不了解病情本就很尴尬，如果承认自己看不出婴儿的性别，简直就是奇耻大辱。医生怎么可能不知道孩子的性别呢？他要怎么说出这个事实呢？于是，他趁凯瑟琳还没完全从麻药中清醒过来，就又让她昏睡了过去。这可以给他点儿缓冲时间，从别的医生那里得到些许建议，搞清楚这个孩子到底是男是女。

　　凯瑟琳的丈夫阿瑟·沙利文对孩子刚出生那几天发生的事只字不提。对朋友也好，后来对孩子也好，他什么都没说，因此没人知道医生和他说了些什么。但是，医生不可能把阿瑟也麻醉了。三天后，凯瑟琳见到了她的孩子。医生宣布，尽管他有着严重的畸形，但他是个男孩。医生告诉这对新生儿父母，阴部手术也许能稍微改善畸形，但在接下来的几年里他们什么也做不了。他们回到家中后就和那个医生失去了联系。凯瑟琳试过继续联系他，但没有得到任何回应。

　　沙利文夫妇给这个孩子取名叫布莱恩·阿瑟·沙利文。除了生殖器之外，小布莱恩和其他孩子都没什么两样。他的发育看起来很正常，没有迟缓的迹象。但是，他的一举一动都牵动着沙利文夫妇的心。他的阴茎很小，即使对婴儿来说也太小了，并且没有包皮。凯瑟琳从其他母亲的聊天里听到，她们在换尿布的时候要当心被儿子的尿喷到，但她儿子的尿是从阴茎底部流出的，就像女孩一样。这个秘密暂时被尿布掩盖了，但他长大以后呢？他的同学会取笑他吗？他是不是得蹲着或坐着小便？其他父母会不会发现他有问题？他能融入其他小孩的圈子吗？

　　当自己的孩子和正常人有所不同时，父母总会忍不住想这是不是由于他们自身的问题：他们是不是把什么基因突变遗传给了儿子？他们是不是在孕期做错了什么事？凯瑟琳在怀孕5个月的时候因为阴道流血而卧床休息，这是不是小孩异常发育的先兆？沙利文夫妇感到既担心又窘迫，他们不知道该怎么做，也没有人来帮助他们。

　　如果他们的孩子患上的是哮喘或者糖尿病，他们或许还能从朋友那儿得到些许同情和建议。但在20世纪50年代，就连收养小孩和不孕不育都还是禁忌话题，他们又怎么可能向别人询问生殖器异常的问题呢？这对新父母无依无靠，只能自己面对这个棘手的问题。他们竭尽所能地"保护"小布莱恩，想让一切看起来都很正常。然而，他们对这个事的担忧投射到了他们的养育方式上。小布莱恩大一些的时候还记得，他的父母好像总是对他不满，监视他的一举一动，也没有什么事情会让父母为他感到骄傲。

　　沙利文夫妇心想：布莱恩的阴茎很小，阴囊发育怪异（里面空荡荡的，没有正常男孩的性器官），他的身体会不会存在更严重的问题？

　　凯瑟琳的妹妹建议她去找个专家看看，并帮他们在离家不远的哥伦比亚大学找到了一名医生。哥伦比亚大学、哈佛大学、约翰斯·霍普金斯大学、宾夕法尼亚大学等知名机构中有很多医生专门研究像布莱恩这样的小孩。他们想搞清楚生殖器发育异常是否跟激素的比例异常有关：是雌激素过量，还是雄激素太少？也许，哥伦比亚大学的医生能告诉布莱恩的父母病因，并把布莱恩治好；也许，他们会让布莱恩的父母放宽心，告诉他们布莱恩只是发育迟缓，等到他上学的时候，他——或者他的阴茎——就会发育得和其他男孩一样了。

　　沙利文夫妇在小布莱恩3个月大的时候带他去看了医生。医生做了检查，并让他们9个月后来复诊。但医生什么都没解释，也没告诉沙利文夫妇布莱恩患的是什么病。沙利文夫妇也没问。

布莱恩已经1岁了，他开始咿呀学语，每天欢蹦乱跳，喜欢玩卡车和积木。家中已经有了第二个小孩。在布莱恩10个月大时，凯瑟琳生下了马克。尽管沙利文夫妇仍旧担心大儿子的健康状况，但因为忙于照顾小马克，他们没能按时去哥伦比亚大学给布莱恩复诊。直到1958年1月最后一个星期，也就是布莱恩17个月大的时候，沙利文夫妇才把他带去了哥伦比亚大学长老会医院。这一次，医生建议为布莱恩做一个详细的检查。医生解释说，因为表观上的异样往往反映着内在的问题。他想做一个探索性手术，在布莱恩的腹部切个口子，检查里面的生殖器官。如果器官有什么问题，他就直接修复后再告知沙利文夫妇。

那时的就诊环境和现在不一样，在20世纪50年代没有医生会握住病人的手，关切地向他们解释病情；也没有人（或者父母）会追着医生询问可能的治疗方案，并讨论哪种方案更合理。主要原因在于，那时的医生在病人眼中是"无所不知"的，医生也自认为医术超群，毕竟他们在医学院学习多年。所以，没有病人会要求医生在短暂的会面中给自己上一堂生物课，也没有医生需要病人的非专业建议。

布莱恩的故事发生在《患者权利法案》和知情同意书出现之前。《患者权利法案》规定，医院必须告知患者在医院会接受什么治疗。知情同意书的本质是一份合同，一旦病人签署就表示医生已告知他们所有的诊断结果和治疗可能产生的副作用。当时，"健康伙伴"或者"病人代表"也尚未出现。如果医生认为病人无法应对自己的病情，他可能干脆就不告诉病人了。医院对病人的态度是家长式的，医院里的器材和药物则增加了"家长"的威信。病人在20世纪50年代还谈不上拥有什么权利，医生有资格为病人做出他们认为正确的决定，且一般不需要征求病人或第三方的同意。

因此，当医生要求沙利文夫妇把布莱恩留在医院住几周（也许时间更长）时，并没有人觉得不妥，因为当时的医疗方式就是这样。凯瑟琳每天都来病房探望布莱恩，她从新泽西开车到纽约市，然后偷偷给布莱恩塞一个奶嘴。虽然不知道是什么原因，但这在当时是不被允许的。三周后，医生告诉沙利文夫妇，他在布莱恩的腹腔内看到了子宫、阴道和卵巢，布莱恩的阴茎也不是真的，它其实是过大的阴蒂。所以，布莱恩不是男孩，而是女孩。

由于布莱恩的阴蒂过大，医生决定将它切除，这样可以保证她在上厕所或者在朋友家过夜时不会被当成异类，或者被其他孩子取笑。沙利文夫妇还被告知，多亏做了这个手术，布莱恩赤身裸体的时候才能像个正常的女孩。

接着，医生程序性地告诉沙利文夫妇如何开始把布莱恩当成女孩看待。第一步就是改名字。邦妮这个名字听起来很悦耳，于是，布莱恩·沙利文就变成了邦妮·沙利文。医生让凯瑟琳在长老会医院的信笺上签字：

兹证明本人曾用名
布莱恩·阿瑟·沙利文
现更名为邦妮·格蕾丝·沙利文

医生将接下来应该做的一系列事情罗列出来。邦妮需要"改头换面"：穿女孩的衣服（比如粉色裙子，不能穿裤子），留长发（最终留成了时尚的齐刘海儿短发），玩女孩的玩具（比如洋娃娃，不能玩卡车）。医生还建议他们搬到别的社区居住，这样有助于巩固性别转换的成果。他们应该去一个没人认识邦妮的地方，如果没有人知道她曾经是个男孩，就不会有人知道她转换性别的事，邦妮才能开始新生活。医生向沙利文夫妇保证，如果他们能照做，这个小小女孩就会像歌里唱的一样——"天生是女人"。

医生还建议他们整理房间，把邦妮婴儿时期的所有照片都丢掉，包括家庭录像、生日卡以及所有能证明布莱恩存在过的物品。

沙利文夫妇尽力抹掉"布莱恩"存在的痕迹，但他们在几年后才搬离新泽西，那时邦妮要上小学一年级了。他们本想在她上幼儿园之前搬家的，但考虑到工作、生活的方方面面，加上第三个孩子的出生，举家搬迁实在是困难重重。（在布莱恩/邦妮出生6年后，沙利文夫妇又生下了一个女孩。）凯瑟琳把实情告诉了她的邻居，邻居非常同情邦妮，还送给她一个洋娃娃。

假如邦妮早出生50年，她可能就不得不去参加马戏团的奇葩表演秀了，说不定会和胖新娘、无臂奇迹表演者同台。这其中的娱乐价值难以估计，在20世纪的拐点上，游乐园经理的确雇用了生殖器畸形的人当演员。如果邦妮晚出生50年，也许医生就会在实施手术之前和她的父母讨论治疗方案。也许，她的父母可以等邦妮到了青春期由她自己做决定。也许，她的父母可以找到一个平权组织，帮助邦妮不做手术也能快乐地生活。

　　但是布莱恩/邦妮出生于1956年，正处于内分泌学发展的转折时期，医生对于睾酮和雌激素如何工作并影响性发育有了更深的了解。他们也知道了腺体的工作链，比如，肾上腺素由垂体控制，垂体又由下丘脑控制。这有助于专家诊断和治疗儿童生殖器性别不明的问题，并综合了激素药物、心理评估、新手术等方法。由于抗生素的发现，病人的术后感染率大大降低，医生更愿意为病人做手术了。"过去10年见证了间性人治疗的革命性进步。"小霍华德·W. 琼斯在美国妇科协会的会议上说。他正是开创了试管婴儿技术，并娶了孕激素发现者乔治安娜·西格·琼斯的霍医生。"说我们解决了所有的间性人问题为时尚早，但过去10年取得的进步是巨大的。"

　　沙利文大妇不可能预知他们会生下一个性别不明的孩子。他们知道布莱恩和其他新生儿不一样，也觉得这个孩子不够阳刚，但他们绝没有想到"他"是个女孩。在布莱恩变成邦妮的一年半之后，凯瑟琳开始怀念她那个"消失的儿子"。不久前，她的宝宝还是一个漂亮的男孩，18个月后，医生却说孩子的性别搞错了。

　　不过，孩子的医疗记录上写的可不是医生搞错了性别。第一位医生写的是"雌雄同体"（Hermaphrodite）。

　　这个词源自希腊神话人物赫尔玛弗洛狄忒斯。他本是一位年轻的神，却被女妖诱惑。尽管他拒绝了女妖的求爱，但女妖缠住他的身体，并乞求天神让他们的身体永远结合。于是，赫尔玛弗洛狄忒斯不再是纯粹的男人或女人（可以说"他"既不是男性也不是女性，也可以说"他"既是男性又是女性）。在另一个版本的神话故事里，赫尔玛弗洛狄忒斯继承了他的父亲赫耳墨斯的神力和他的母亲阿佛洛狄忒的美貌，所以他的名字和身体都是父母融合的产物，代表着完美人类的形象。

不管这个名词的来源如何，医生还是用了"雌雄同体"来形容像布莱恩/邦妮这样的人。有一本标准医学教材叫《雌雄同体》（霍华德·琼斯是这本书的作者之一），一直沿用到20世纪90年代。后来患者希望学界能换掉这种戏谑的说法。于是，"雌雄同体"被更换为"性别发育障碍"或者"性别发育异常"（因为有人对"障碍"一词有异议）。再后来，许多人又想摒弃"性别发育障碍"这个词，并代之以"间性体"，这样就不会带有任何"不正常"的意味了。

现在，外生殖器性别不明的发生概率和囊性纤维化（一种肺部疾病，但很少有人提及）差不多。它的发病率统计数据比较粗略，根据病人表现出的症状不同，估计在1/10 000到1/2 000之间。如果你在规模较大的大学或公司读书或工作，你周围就有可能存在间性人，只是你不知道而已。

人类婴儿的子宫在发育的最初几周看上去都十分相似，就是一个疯狂生长的球形细胞群。接着，这个球形会逐渐拉伸成椭圆体，就像一个圆形的午餐包被拉成了牛角包。这个椭圆体的一端是大脑，另一端是一个看起来像阴道的结构——边缘有些鼓起的褶痕。接着，激素开始发挥作用，使无性别的胎儿发育成男孩或女孩。从某种意义上说，我们一开始都是雌雄同体。

20世纪早期，芝加哥大学的弗兰克·利利发现，如果两头异性双胞胎小牛的血液在母亲妊娠时混在一起，其中的母牛犊就没有子宫和卵巢。利利由此猜测，是不是公牛犊的血液中有某种化学物质抑制了母牛犊的发育。为了验证他的想法，他从公牛胚胎中抽取血液，然后注射到母牛胚胎中。结果让人震惊，母牛犊变成了间性牛犊。它虽然长着母牛的外生殖器，但体内没有生殖器官。"每一个受精卵都有可能发育成任意一种性别，也有可能发育成雌雄同体。"利利在教材中写道，这本教材就是乔治安娜·西格和霍华德·琼斯在性趣小组里认真研读的那本。

法兰西公学院的内分泌学家艾尔弗雷德·约斯特通过研究雄兔胚胎，找到了雌兔妊娠6周后决定胚胎性别的激素，并把它命名为抗米勒管激素。米勒管以约翰尼斯·彼得·米勒的名字命名，他于1830年首次在女性生殖器官里发现并描述了这个组织。抗米勒管激素可促进阴囊和睾丸的生长，同时抑制卵巢和子宫的形成。

男孩有抗米勒管激素，女孩则没有，因为女孩不需要促进男性器官的生长。由于女性的发育是在没有额外激素调控的情况下完成的，所以科学家在相当长的一段时间内认为女性是一种"默认"性别。这听起来有点儿像安慰奖——如果什么激素也没有，就做个女人吧。事实上，正如丽贝卡·乔丹-扬在《头脑风暴》一书中描述的那样，女性并不是默认性别，而是另有身体信号来刺激卵巢的发育。即便如此，女性是默认性别的观念仍在科学家的头脑中存在了许久。

当然，性别发育机制比上文描述的要复杂许多。有无数的基因信号需要激活，还有很多激素需要在准确的时间以准确的剂量释放，如此才能决定一种性别的发育。人类能发育成传统意义上的"男"和"女"简直就是一个奇迹。

"间性人"的说法可能描述了多种不同病因引发的同一现象。在邦妮·沙利文生活的年代，患者还会被划分为"真雌雄同体"和"假雌雄同体"。邦妮属于真雌雄同体，因为她同时拥有睾丸和卵巢组织。而患有先天性肾上腺皮质增生症（CAH）的女孩则属于假雌雄同体，这种症状由皮质醇通路阻塞引起，会导致雄激素分泌过多。1949年，合成皮质醇的出现使得人们可以补充体内缺失的皮质醇，缓解雄激素过多引发的症状。对缺乏醛固酮的小孩来说，这简直就是救命良药，因为这种物质有助于保持人体内的水盐平衡。

现在，科学家对性别发育有了更深入的了解，甚至可以发现微小的基因异常。比如，有的XY基因型胎儿对睾酮无应答反应，因而长出女性生殖器，但没有子宫和阴道。还有的XY基因型胎儿缺乏5-α还原酶，导致睾酮完不成转化，也就无法长出男性器官。这样的婴儿出生时看起来像女性，但由于缺乏5-α还原酶，他们在青春期的样貌不能转变为男性，成年后也无法成为一个男人。

邦妮的父母不知道他们的孩子身上到底出现了什么问题，只是照着医生说的去做。医生其实也不清楚邦妮的病因，他们只是遵循了约翰斯·霍普金斯医院的指南。

这家医院不仅在激素疗法上处于领先地位，比如用皮质醇治疗CAH，还创建了跨学科的诊疗方案。这里会聚了顶尖的精神科医生、生殖内分泌专家、整形医生、泌尿专家，还有妇科专家。

乔治安娜·西格·琼斯就是其中一位生殖内分泌专家，她的丈夫霍华德·琼斯是一名妇科手术医生。1954年，琼斯夫妇发文称，可的松有助于治疗儿童的激素异常和CAH。几年后，霍华德·琼斯在约翰斯·霍普金斯医院的声誉达到巅峰，他因治疗间性人而被授予"治疗精英"的称号。

约翰·莫尼可能是这个精英团队里影响力最大的人。他是约翰斯·霍普金斯医院精神与激素研究办公室主任，专门负责给医生和患儿父母提供外生殖器不明方面的诊断建议。他既不是内分泌专家，也不是外科专家，甚至连医生都算不上，他称自己为心理内分泌学家。莫尼于1952年获得哈佛大学社会关系博士学位，他的博士论文的题目是"雌雄同体人的精神健康"（雌雄同体的名称后被医学术语采用）。他认为激素可以控制性欲，但不能决定性取向。他还发现，尽管他的研究对象中很少有人进行过治疗，但几乎没有人患精神疾病。

莫尼在学者中间显得格格不入，他总有些稀奇古怪的点子。比如，他建议把自己研究的学科命名为"打炮学"。他还在约翰斯·霍普金斯医院的讲座上播放色情片，认为这可以让这些未来的医生在和病人讨论性生活时表现得更淡定。莫尼还告诉学生们，他为色情片的半衰期总结了一个数学公式，可以算出一个人在连续观看限制级影片多少个小时后会对它们失去兴趣。

他的这些稀奇古怪的点子里也有不错的。比如，当他知道有医生试图利用激素把同性恋者转变成异性恋者时，他坚持认为这是没有必要的。他在《儿科》期刊中写道："在人类文明的长河中，有许多伟人都是同性恋者。从历史角度来看，父母不必为了孩子的性取向担心。"他在一个公开审理的知名案件中作为专家证人出庭，为马里兰一位8年级的同性恋教师辩护，希望帮助他回到教学岗位上。（但最终还是败诉了。）然而，他也有不少不靠谱的想法，比如，他认为恋童癖是自然现象，需要得到人们的接受。

莫尼在20世纪50年代有过一段短暂的婚姻。他认为一夫一妻制已经失去了本来的意义，因为人类的生命比较长，无法做到一生对同一个人保持性吸引力。他不像其他同行那样羞于与媒体打交道，他加入了一个由《花花公子》赞助的性专题小组（这也不是一件约翰斯·霍普金斯医院的学者会干的事），成员还包括成人影星琳达·洛夫莱斯。

莫尼对一切都充满热情，他也十分坚信自己的理论。当他加入约翰斯·霍普金斯医院时，学界还在依据性腺判断性别：有卵巢的是女性，有睾丸的是男性。这个方法大多数时候是可行的，但对间性人就不适合了。莫尼认为，对一个婴儿或幼儿的性别判断，不应该只看性腺、染色体、生殖器中的一种，而是应该对它们进行综合考虑。除此之外，他们还应该考虑患者的言谈举止和所思所想。他创建了判断性别的七大准则，用于评估和治疗生殖器性别不明的患者：

1. 性染色体（XX还是XY？）

2. 性腺结构（是否有睾丸或卵巢？它们发育饱满还是萎缩？）

3. 外生殖器形态（阴茎尺寸是否过小？阴蒂尺寸是否过大？）

　　4. 内生殖器形态（是否有阴道？）

　　5. 激素水平

　　6. 养育性别

　　7. 社会性别身份

　　在这 7 条准则里，"社会性别身份"是一个最新颖的维度。这个术语是莫尼创造出来的，在此之前，只存在生理性别一说。这个模糊的术语可以描述性对象，也可以描述染色体，还可以表达阴柔或者阳刚。莫尼解释说："社会性别身份指一个人所说或所做的事情表达出来的性别，可以是男孩、男人、女孩和女人。"

　　莫尼治疗理论的关键在于时间。他认为，性别身份的形成有三个关键步骤，并且都和激素有关。在妊娠期间，雌激素和雄激素决定大脑的构造。出生后，小孩会按照大脑的性别构造行事；小孩的行为方式也会影响周围的人，让他们把自己当成男孩或者女孩来对待。比如，雌激素分泌得多的小孩会像女孩一样行事，也因此被当成女孩看待。如此这般，在幼儿与成人的互动过程中，他们的男性或女性角色会逐渐被塑造出来。到青春期时，激素分泌的又一次高峰最终确定了一个人的性别身份。

　　根据莫尼的理论，性别身份在小孩 18 个月大之前都是有可能改变的。在这段时间里，人们可以根据社会期望来对待小孩。当然，如果想改变，也是有机会的。在莫尼提出他的新理论之前，激素被视为性别和性取向的关键因素，而莫尼认为养育方式也是重要的影响因素之一。

约翰斯·霍普金斯医院的医学团队采取了莫尼的观点，并结合了他们自己的临床经验，开发了一套诊疗规范。比如，男孩出生时如果阴茎过于短小（很罕见），那么他们应该被转变成女孩。霍华德·琼斯开发出一套手术工具，可以用生殖组织重造阴道。医生会把男孩的睾丸移除，并告知父母正确的养育方式，就像沙利文夫妇那样，把曾经的男孩养育成女孩。等孩子到了青春期，医生还会开具雌激素，使她们的身体发育符合女性标准。哪怕不是生殖器不明的患者，只要在合适的时机介入，男孩就能变成女孩。他们还认为，如果男孩的阴茎太小，那么他转变成女孩后会更快乐；同样，如果女孩的阴蒂太大，那就不如没有。

医生们并没有想到先天的激素会对后天的性别身份产生什么样的长期影响。学界直到几十年后才开始讨论这个问题。他们也没有做过随机实验，即对比进行过性别改造和未进行过改造的患儿，跟踪研究他们的快乐程度。但医生们跟许多处于不同治疗阶段的患儿保持着联系，并认为这些患儿大部分都过着令人满意的生活。

设计诊疗规范的初衷是为了让患儿尽可能地感到自己是正常的孩子，帮助他们稳定情绪。约翰斯·霍普金斯医院的心理学家琼·汉普森在1959年美国泌尿学协会会议上说："几乎可以肯定地说，不管是男孩还是女孩，带着不清不楚的生殖器生活都是严重的残疾。"她补充说，尽快进行手术"对心理健康而言至关重要"。

但琼未提到一点，那就是手术效果不总是完美的。术后的生殖器永远不会像正常生殖器一样工作，这跟医生和父母的希望相差甚远。2015年，多个国家和机构开始谴责间性人的性别改造手术，马耳他是第一个颁布法律禁止这类手术的国家。2017年夏天，人权观察组织和"间行"组织（InterACT）发表了一份报告，抨击了生殖器外科手术，并要求美国国会立法予以禁止。

回到20世纪50年代，伊丽莎白·莱斯博士在《身体的迷思》里指出，约翰斯·霍普金斯医院的医学团队为间性人手术提供了完善的流程，而在此之前一切都是混乱的。莱斯写道："对被其他医生的眼花缭乱的方案误导的人来说，他们一定可以松口气。"即便如此，也有人提出了不同的看法。米尔顿·戴蒙德从一开始就反对莫尼的言论，戴蒙德是夏威夷太平洋性与社会中心的负责人，也是教科书《性决定》的作者。"我觉得他很聪明，我也认同他的很多观点和态度，"戴蒙德说，"但我觉得他在性发育方面的看法肯定是错误的。"戴蒙德还认为医生们不应该不经过深思熟虑就相信莫尼的观点，莫尼的声名鹊起就是个错误。戴蒙德就此发文进行严厉抨击，紧随其后的是《滚石》上的一篇曝光文章的发表和一本叫作《自然之子》的书的出版，两者均为约翰·科拉平托所写。

先是戴蒙德，接着是科拉平托，他们先后描述了一个男婴被约翰斯·霍普金斯医院的医学团队实施粗糙的包皮环切术转变成女孩的过程。根据莫尼的理论，这个小孩并不是间性人。医生切除了他过于短小的阴茎，并教导其父母如何把他养育成女孩。这些治疗都发生在小孩18个月大之前，性别转换理应取得成功，医学报告也证明了这一点。但是，这个孩子的成长过程一直伴随着抑郁和困惑：他感觉自己像一个男孩，但永远无法融入男生的圈子，也不知道为什么会这样。在他了解了自己的医疗史后，他改换成男性的生活方式，但最终选择了自杀。

文章和书在这个男孩离世前就发表和出版了，其中谴责了莫尼强迫男孩和他的双胞胎兄弟发生性行为的做法。这本书引发了尖锋相对的两种观点。约翰斯·霍普金斯医院的医学团队抨击了文章和书，并为莫尼辩护，直到他2008年去世。然而，公众本来把莫尼奉为性自由主义者和同性恋者权利活动家，但现在他们却觉得莫尼是一个变态。今日的大多数学者都能看到这个事件的两面性。卡特里娜·卡尔凯西斯博士是斯坦福大学生物医学道德中心的医学人类学家，她在《修复性别》一书中说，尽管莫尼有很多不足之处，而且被指控虐待，但他是首个提出"对复杂的生物性别做细致分析"的人。她还认为，莫尼在这个课题上融合了内分泌学、心理学、外科学三个学科的知识。

把布莱恩变成邦妮的手术运用了当时医学界最先进的技术，时间也赶在了18个月大之前。哥伦比亚大学的医生自信地认为他们做了正确的事情，而且按照约翰斯·霍普金斯医院的诊疗规范，这也应该是一个成功的案例。

但事实并非如此。布莱恩消失的第二天，邦妮就开始不说话了，没有人知道这是为什么。就算邦妮本人在多年之后被问起，她也说不清楚其中的原因。没有人再管这个小孩叫布莱恩了。邦妮是谁？布莱恩的裤子去哪儿了？他最喜欢的玩具呢？他的世界好像全部消失了。

邦妮8岁的时候再次接受了手术。医生告诉她这样做是为了治好她肚子疼的毛病，尽管邦妮不记得她的肚子疼过。其实，这次手术的真正目的是将她腹部的睾丸组织切除。1964年9月10日，她住进了哥伦比亚大学长老会医院，共计16天。她和其他8个孩子住在一起，各自患有不同的疾病。由于邦妮病情特殊，并且有教学意义，所以有专门的摄影师来给她拍照，有全裸照，也有阴部特写。术前检查相当多，让她感觉自己像个异类。其他小孩的检查都不如她多，也没有人给他们拍照。

精神科专家告诉她，手术非常成功。医生告诉沙利文夫妇，邦妮接下来会有月经，会有男朋友，还会嫁给一个男人，并和他生下小孩。但邦妮仍然认为自己和其他女生不一样。她感到很绝望。

邦妮10岁时，她的父母告诉她，她的阴蒂已被切除，不过他们并没向她解释阴蒂是什么。他们只是说，如果邦妮是个男孩，它就会长成一个阴茎。然而，邦妮是个女孩，有阴道，所以不需要它。

在小学阶段，邦妮逐渐意识到她对同性的爱慕之情，她还发现自己似乎注定没有朋友。于是，她只能埋头看书，并对计算机产生了兴趣，当时很少有人知道计算机是什么。在经历辍学、离家出走以及与嬉皮士厮混之后，她最终获得了麻省理工学院的学位。

她一直为自己过去经历的医学谜团所困扰。19岁时，她去图书馆认真研读了性与生殖器手术方面的书籍，其中包括雌雄同体。她也知道了己烯雌酚这种曾经用来预防流产，但后来被证实可导致癌症和生殖道异常的药物（乔治安娜·西格·琼斯就曾反对使用这种药物）。邦妮坚信她被注射了己烯雌酚，所以她才会患癌症。20岁左右时，她去看了妇科医生。那时她还没进入麻省理工学院，仍住在旧金山，于是她请旧金山的医生帮忙获取她的医疗记录。哥伦比亚大学长老会医院只发来了三张纸。"看起来，你的父母不太确定你是男孩还是女孩。"医生一边说着，一边把报告递给她。

邦妮读到了"雌雄同体"，以及"患儿性别不明，同时长有阴茎和阴道"，她还看到了自己出生时的名字——布莱恩·阿瑟·沙利文。

邦妮告诉我："我当时拿着这三张纸，感到既震惊又屈辱。"她难以掩饰内心的愤怒，脑子里充斥着自杀的念头。

邦妮不久后拿到了她的全部医疗记录，其中包括1958年被切除阴蒂的病理分析报告。报告上写着："第一部分是阴蒂，圆柱体、类似阴茎的结构从体内伸出，长3厘米。"被切除的部位不仅包括体外组织，还包括体内组织。有些女性术后报告她们在阴蒂附近仍能感受到快感，但邦妮没有。报告中，她的性腺检查部分写着："卵巢组织……睾丸组织……确认为真雌雄同体。"她还从护士的笔记中看到了关于8岁时的她的记录："安静，不爱说话。帮忙打扫了病房。"

邦妮在女权主义文学中找到了慰藉。1993年，布朗大学教授安妮·福斯托–斯特林在《科学界》上发表了一篇文章，谴责说，为什么出生后长着非典型性征的小孩要被强行转换成某种性别？她简要地提出了性别应该有5种而不是两种的理念，她还批评了新生儿生殖器手术，因为这有可能毁掉女性的性生活。

邦妮在看到权威期刊质疑医生按照所谓的标准流程来治疗像她这样的人后，感到些许欣慰。她给编辑写信，要求医生放弃"雌雄同体"的叫法，因为它会让人联想到怪胎。同时，她建议把这个词替换成"间性人"。"间性人"一词并不是邦妮发明的，它和"雌雄同体"一起共用了许多年。邦妮的目的是消除"雌雄同体"一词的负面暗示。

差不多也是在那个时候，邦妮开始对朋友们讲述自己可怕的医疗经历。很快，人们就谈论起他们身边有类似经历的人，或者是间性人情侣的故事，甚至是自己作为间性人的经历。在邦妮写给《科学界》杂志编辑的信里，她呼吁其他有类似经历的人跟她联系，这样她就能建立 个团体，互相分享经历，不再感到孤独和无助。她想告诉医生，目前对待间性人的方式是错误的。除此以外，她还提供了一个邮寄地址，任何想加入北美间性人协会的人都可以使用。她也为此专门租用了一个邮箱，并使用了假名字谢里尔·蔡司，这样可以保护她的家人。她从电话簿里随便翻到了这个名字，本来没打算用多长时间，但它在后来的很长一段时间里一直是她的代号。

事实上，间性人协会不是一天建立起来的。它一开始只是写在信里的一个想法，以及一个租来收信的邮箱。几周内，来信就塞满了邮箱，倾诉着人们内心深处的秘密，有的来信者留下了自己的电话号码。她花了好几天时间和他们沟通，每次都持续好几个小时。其间强烈的孤独感和耻辱感涌上她的心头。他们提出了各种各样的问题，比如，激素如何影响性别和他们对自己身份的认知，以及性取向。有些人和邦妮一样对手术感到愤怒，他们被当成模特拍下了耻辱的照片。还有一些人留下了同样的后遗症：对性刺激没有感觉以及无尽的副作用。很多人需要终身注射激素。

阿琳·巴拉茨医生是主动联系蔡司的人之一。"我真的很想与过着这种生活的人聊一聊。"她说。虽然很少有人愿意谈论相关问题，但巴拉茨了解间性人的历史。"听着这些成年女性倾吐她们充满着秘密和孤寂的生活，我的心碎了。我想我的女儿一定不能再遭受这样的痛苦。"

1990年，她6岁的女儿凯蒂被诊断出患有雄激素不敏感综合征。在做常规的疝气修复术时，医生在她身体里发现了一个睾丸。作为医生，巴拉茨明白这个诊断结果意味着什么，也知道今后会发生什么。她知道她的女儿有着正常男孩的XY型染色体，但由于身体对睾酮刺激无应答，所以孩子的外表看起来像个女孩，体内却没有卵巢或子宫。

患有雄激素不敏感综合征的小孩不会来月经，因为她们没有子宫，但她们的胸部会隆起，因为她们可以分泌足够多的雌激素。凯蒂长到10多岁时，需要靠雌激素药物来帮她度过青春期，并增强骨骼强度。"我的心情和大多数家长一样，为孩子的不育感到伤心。"巴拉茨说，"后来我意识到，她至多就是没法生下生物学意义上的孩子。于是，我怀着理解和接受的态度把她养大了。"

凯蒂接受了《嘉人》杂志的采访，并和母亲一起参加了奥普拉脱口秀。她说她想成为一名活动家，为像她这样的人争取权利。

她上了医学院，并获得了生物伦理学硕士学位。她现在是一位精神科医师。她结婚了，并做了母亲，这多亏了卵子捐赠者和代孕妈妈。

20世纪50年代的混乱状况已经过去了，现在的环境鼓励医生从一开始就和间性人患儿的父母沟通。2013年，瑞士和德国研究人员证实了大部分父母已经知道的事：当患儿父母被告知没必要立即进行手术时，相较被告知情况危急的患儿父母，前者更有可能推迟或者选择不做手术。世界上也出现了很多线上或线下的互助小组，这样患儿和他们的父母就不会再感到孤立无援。这部分要归功于谢里尔·蔡司和许多像她一样的人（她不是第一个成立这类互助小组的人，但大多数小组都以隐秘的方式存在）。

有关间性人治疗的争论仍未停止。布莱恩/邦妮/谢里尔·蔡司

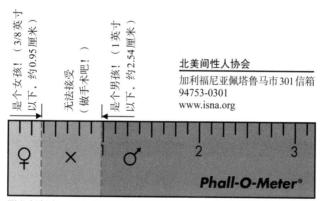

阴茎判断表。以上为医学上使用的测量标准。北美间性人协会反对这种主观绝对的测量方法，希望能创造一个没有羞耻感、无须对任何人隐瞒的世界。在这个世界里，出生时器官模糊的孩子无须做不必要的手术

一张展现邦看到切除手术后愤怒的照片

邦·劳伦特供图

现在名叫邦·劳伦特。"邦"是为了纪念邦妮的存在，劳伦特则是受到劳伦特·克莱克的启发。劳伦特·克莱克作为一名生活在19世纪的学生，为聋人争取了权利，让耳聋不再被当作精神问题。（邦的外公和外婆生下来就听不见，她的母亲的第一语言是手语。）"我想为间性人做同样的事情。"邦说。

现在，邦和她的父母拥有一个安静舒适的家，位于北卡罗来纳州索诺玛县的一个小镇里。她体态丰满，一头乌黑的长发扫过肩膀。她和世界上的许多病人及医生团体保持着联系。她说，她安抚他人的力量来自她对医学界的错误做法的愤怒。她认为，给间性人做手术就是对他们生殖器的摧残。然而，这样的手术仍在继续，邦觉得这种情况自她出生以来一直没有什么改变。"的确，间性人现在变得不那么特殊了，但这并不是医生的功劳。医生也不再轻易撒谎了，但我认为这只是因为他们知道患者及其父母会在网络上寻求间性人人权活动人士的帮助。"间性人的子女和家庭"仍在受到伤害，遭受着不必要的痛苦。这一切都是僵化的医疗系统所造成的"。

邦·劳伦特无法抹掉过去，虽然她曾经尝试过。我和她共处了两天，她跟我分享了很多私密的生活细节，比如她的医疗记录和老旧的真皮相册里婴儿时期的照片。邦的小姨在她母亲去世后把这本相册交给了她，从这些照片中很难看出这是个男孩还是个女孩（跟很多婴儿照片一样）。皮质封面的右下角隐约可见一行烫金小字——"布莱恩·沙利文"，但"布莱恩"被抹去了，留下了一处刮痕，就像用透明胶把快递纸箱上的纸粘掉了一块。

　　布莱恩出生于1956年，当时正处于战后经济快速恢复的时期。人们纷纷离开城市，住进有篱笆围栏的房子；理想的美国家庭由一个勤劳工作的父亲和一个家庭主妇组成，再加上两个小孩：女孩装扮粉嫩，男孩则穿着蓝色衣服，擅长运动。沙利文夫妇想让他们的孩子也融入其他小孩的圈子。在查阅了20世纪中叶的那些史料后，有些学者认为性别改造手术和激素疗法强化了二元性别系统的划分标准，即女孩是一个样子，男孩是另一个样子。但从很多角度来说，激素对性别的影响和人们长期以来对传统的男女特质的看法并不相同。新的科学研究发现，数据展示出的人类面貌更为复杂。

　　在邦经历手术的10年后，无数父母都在寻求另一种病症——儿童矮小症——的治疗方法。这些父母希望获得生长激素，这是当时的科学理论支持的一种先进疗法。不像20世纪50年代的父母那样，这些患儿的父母和医生站在同一战线，共同捍卫激素疗法。他们的目的只有一个：把不一样的孩子变得跟正常孩子一样，并让他们更加幸福。

第 8 章

生长激素：如何才能长高

和其他 7 岁小孩一样，杰弗里·巴拉班每年都要参加体检。他不喜欢体检，谁会喜欢被大人指指点点，再被问一堆问题呢？小杰弗里觉得自己很健康，但医生时不时会来给他做检查，用奇怪的目光打量他，询问他的身高或者营养状况。"他显然太矮小了。"他的母亲芭芭拉·巴拉班说道，"但我们知道，不同的人也都不一样，没必要为此大惊小怪。"小杰弗里的身高只有约 1.04 米。

1960 年的一天，儿科医生在确认杰弗里的其他生理指标都没有问题后，问他的妈妈需不需要找生长问题专家进一步了解情况。芭芭拉回答说不需要，也不感兴趣，这件事就搁置了。

杰弗里是班上最矮的孩子，甚至可能是整个年级里最矮的一个。有时，他的头顶只能够到同学的耳垂。他的哥哥和妹妹个子也不高，但都不像杰弗里那样矮。巴拉班夫妇的身高也比一般人矮，芭芭拉身高约为159厘米，她的丈夫阿尔·巴拉班身高为170~173厘米。他们认为把孩子带到医院去看身高问题的想法很可笑。

下一年的例行体检又来了。杰弗里的健康没问题，但儿科医生再次询问芭芭拉要不要去找找生长问题专家。医生补充说，小杰弗里的身高可能最终不会超过1.22米。芭芭拉很震惊，她说医生用了"侏儒""矮子"之类的词语，甚至还用了20世纪60年代的"半截人"之类的说法。她知道杰弗里个子矮，8岁的他比5岁的妹妹还要矮1厘米多，但她从未想过这可能是残疾或者疾病。

"矮"不是一种医疗诊断，而是一种直观的现象描述。但个子矮可能是某种疾病的表现，至少有200种病症会导致儿童生长迟缓。基因缺陷可能导致骨骼发育异常，比如，软骨发育不全可能造成四肢短小以及头部偏大，缺乏生长激素也有可能导致身高不足。医生把这样的患儿称作垂体功能减退型侏儒。有些小孩个子矮是正常的，因为他们的基因和激素都没问题，他们长不高只是因为父母个子矮。

所有生物都会长大，但我们人类的生长节奏比较独特。跟其他哺乳类动物不同，人类在出生前发育速度最快，出生后会逐渐减缓。因此，我们的小小身躯会先发育饱满，然后度过一个漫长的童年。假如你在生下小孩时买了一只德国牧羊犬，6个月之后你会发现，你的宝宝还能舒舒服服地睡在婴儿床里，但你的狗已经放不下了。

人类学家认为，我们的青春期和其他哺乳动物近亲相比之所以漫长，是因为我们需要把知识和智慧传递给下一代。医生则从激素分泌的角度来理解这个现象。你家里的小宝贝和狗的差异（从某个角度来看）在于，两者分泌某些化学物质的时间点不一样。当狗长到6个月大时，它相当于12岁左右的孩子，大脑里的一个腺体（下丘脑）会告诉另一个腺体（垂体），到加大生长激素分泌量的时候了。科学家发现，身高发育不仅取决于生长激素，还取决于性激素。生长激素也会促进其他辅助激素的分泌，进而促进骨骼和肌肉的生长。生长发育停滞可能是因为缺乏生长激素，也可能是因为缺乏辅助激素；如果激素水平正常，还有可能是因为信号传递出了问题，即身体没能把激素信号顺利地传递出去。

　　整个发育过程——四肢生长、肌肉发育、内脏成熟——依赖于如瑞士钟表般精准的时间把控力，以及如顶级厨师般纯熟的细节掌控力。就像烤蛋糕一样，你需要按正确的比例和分量调配鸡蛋、糖、黄油和面粉，还要知道怎样把它们搅匀。但如果你忘记开火，最后只能得到一盘黑暗料理。

　　对科学家来说，20世纪60年代早期的生长激素研究就像爱丽丝梦游仙境①。他们试图让实验室里的动物快速长大或延缓发育，他们也在小孩身上试验激素疗法，包括睾酮和甲状腺素。杰弗里·巴拉班长得矮可能只是因为他的父母个子矮，但也有可能是因为缺乏生长激素。那时还没有测量生长激素水平的有效方法，只

————————————

① 哈维·库欣预见到这一天的到来。他早在几十年前就说过："要是在今天，路易斯·卡罗尔会让爱丽丝切一小块垂体蘑菇放在左手上，然后在右手上放些叶黄素（一部分卵巢），接着'嗖'的一下，她想长多高就能长多高！"

能靠临床判断和医生的猜测。

几年后，有医生预言一定有某种激素能够"治愈"身材矮小的病症。或者就像奥斯卡·里德尔博士（内分泌协会前会长，已故）于1937年对美联社说的那样，因为身材矮小的人有先天不足的问题，所以未来某天医生会给"小不点儿们"注射几针激素，这样他们就能在智力和体格上发挥出发育潜力了。

20世纪60年代早期，医生终于有办法应对身材矮小的问题了。科学期刊不断重复着老掉牙的说法：矮个子的男人注定失败。这种观念使得人们对侏儒症的疗法越发期待。《大观》杂志的封面报道将新的激素疗法描述成能结束"侏儒般的灾难生活"的武器。著名的性别认知学家约翰·莫尼认为，成年人会在不经意间溺爱身材矮小的孩子，把他们当成比实际年龄更小的孩子看待，而这会助长他们的幼稚和不安心理。专家认为，和正常人相比，身材矮小的人更难找到另一半，也更难找到工作。希拉·罗思曼和戴维·罗思曼在《追求完美：医学进步中的希望与失望》一书中写道："内分泌学诊断出激素缺陷，精神医学分析了心理适应性障碍，这两者的结合说明身材矮小不但是一种疾病，而且是一种严重的疾病。"

这些论调引发的恐慌加剧了治疗的紧迫性，新疗法的推出又增加了新药开发的必要性。究竟是医生找到了既有疾病的新药物，还是先发明出药物，再寻找一种药物适用的新疾病呢？父母们，特别是家有矮个子男孩的父母们，愿意为孩子的健康、快乐、婚姻和工作付出一切代价。医生坚称，激素疗法不再像几十年前那样是骗人的把戏了。它们都是现代医学的产物，相关化学物质都是在顶尖实验室里提取出来的。而且，科学家会精准地测量药物成分，并密切观察孩子的情况。

巴拉班夫妇和三个孩子住在纽约州大颈区。这个狭长的岛屿距离曼哈顿大约40分钟的车程。芭芭拉·巴拉班做过编辑和秘书等工作，也在公立学校和社区当过志愿者。阿尔·巴拉班是一名精神科医生，尽管他密切关注着医学方面的动态，但他没有听说过——起码没有认真想过——生长疗法。的确，报纸时不时就会报道生长激素研究的新进展。化学家在牛的大脑里发现了生长激素，这成为1944年的头条新闻。有科学家破解了生长激素的化学结构，这成为10年后的头条新闻。1958年的新闻说人们发现生长激素能治疗侏儒症，1959年的新闻声称有可能实现个性化激素治疗。但是，突破太多了，再加上世界上发生的种种大事件（种族暴乱、太空任务、越南战争等），除非与己相关，否则谁还有空关注每一次的医学发现呢？对巴拉班夫妇来说，8岁的杰弗里的身高成了他们家的大问题。

当医生再次询问芭芭拉是否要去看看生长问题专家时，她开始意识到自己对这件事不够上心。她本来认为小杰弗里没有什么异常，但也许是因为看了报纸上的文章，她想到了其他可能性。不过，可以肯定的是，去问问专家也不会有什么损失。

巴拉班夫妇觉得小杰弗里不会愿意做测试和治疗，也不会愿意被当作侏儒。但他们认为，从长远看，小杰弗里会感激这段经历的。"他很不开心，就像陷入了旋涡，手足无措。"阿尔说道，"他从小就是个可爱的孩子，有趣、健谈、喜欢社交、惹人疼爱。他很淘气，不过老师觉得他是个小可爱，允许他做许多他不应该做的事情。但是，他也会被其他小孩欺负。他受欢迎，但也常受到侮辱。"

1961年的一个下午，芭芭拉把杰弗里从学校接出来，带他去看埃德娜·索贝尔医生。索贝尔是阿尔伯特·爱因斯坦医院的儿科医生，这所医院在布朗克斯，离巴拉班家大约一个小时的车程。索贝尔医生的专长是治疗儿童激素紊乱的病症，她被视为这个领域的领军人物之一。她在哈佛大学接受了医学训练，并参与了多项与侏儒症相关的重大研究项目。尽管不少同事和患者都觉得她是个体恤他人的医生，但芭芭拉记忆中的索贝尔却是一个态度冷淡、说话直接的人。她回忆说，索贝尔医生坐在一个轮椅里，她有时会站起来，弓着身子。她的身材娇小，比芭芭拉还矮。索贝尔从来没有向她的病人透露，她小时候得过小儿麻痹症，影响了她的骨骼生长。她不得不在一只鞋子里垫上增高鞋垫，并且忍受着慢性疼痛的折磨。

"病理检查又贵，时间又长。"芭芭拉说，"各种各样的血液测试都做了个遍。"杰弗里表现得很不开心，他不想离开学校，不想被当作怪人，也不喜欢在女性面前脱光衣服，就算医生也不行。

索贝尔医生怀疑杰弗里患有垂体功能减退的病症，即垂体不能分泌足够的生长激素。同为医生的阿尔震惊地说："我在医学院听说过，就是拇指将军汤姆的那种情况。"拇指将军汤姆是19世纪初马戏团里的一位身高1米出头的侏儒演员。阿尔从未想过自己的儿子也是这种情况，小杰弗里是个正常的孩子，他不是马戏团的怪物。

医生最担心的不是身高发育迟缓的问题，而是生长激素缺乏带来的其他问题。比如，生长激素可以帮助身体保持糖分平衡，促进蛋白质和脂肪的新陈代谢，保护心脏和肾脏的健康；同时，生长激素还能激发免疫系统。因此，生长激素的作用不只是促进生长，生长也不只靠生长激素来完成。事实上，把这种化学物质叫作"成长激素"会更恰当。

索贝尔医生建议先使用甲状腺素，因为促进新陈代谢也许能帮助杰弗里长高。要是在几年前，医生也许会建议小杰弗里使用睾酮。但后来发现，睾酮只会让男孩发育得更早，而不是长得更高。就像坐高速列车，你可能会提前到达，但目的地不会变。事实上，索贝尔医生是证明睾酮无法促进身高发育的关键研究者之一。

巴拉班一家同意尝试使用甲状腺素疗法。几个月后，已经注射了几针的小杰弗里又一次不情愿地提前离开学校，忍受从长岛到布朗克斯的漫长车程，赶往医院。他在拥挤的候诊室里和其他矮个子的小孩不安地坐在一起，平均等待时间约为两个小时，但医生看病只需要15分钟。护士把杰弗里叫进去之后，索贝尔医生说出了一个他早已知道的事实：注射甲状腺素根本不起作用。他的身高并没有像预期的那样迅速增加，事实上，他一点儿都没长高。

如果杰弗里晚两年再去医院，他或许可以通过血液检测知道自己体内生长激素的含量，但那些测试当时还未被发明出来。因此，他在医院里住了一个月。医生检测了杰弗里的饮食摄入和排泄情况，还给他拍了X射线片，看他是否遗传了父母的垂体问题。1961年还没有精确的脑成像技术，医生只能把X射线照向患者的头盖骨，看看能不能找到什么线索。如果观测到骨头碎片或是开裂，就说明有问题，因为骨头变形有可能是肿瘤造成的。这虽然不算直接证据，但至少是个线索。小杰弗里拍摄了一种特别的X射线片，叫作气脑造影术，这种方法一直沿用到20世纪70年代，才被更温和的方法取代。医生将杰弗里脊髓周围的液体排空，再向他的颅内充气，这样才能获得清晰的影像。小杰弗里回家后觉得头痛欲裂，在床上滚来滚去，这是气脑造影术的副作用。

造影结果显示，他的颅内没有肿瘤。于是，索贝尔医生给出了一个新的治疗方案：注射人类生长激素。这是一种全新的疗法，初期的临床试验数据显示这个方法是有效的。尽管没有患者做过对照试验，但对有可能缺乏生长激素的小孩来说，这种方法似乎是合理的：通过注射的方式补充患者体内缺乏的物质，让他们回到正常状态。

对巴拉班一家来说，从注射甲状腺素更换为注射生长激素并不难，毕竟生长激素有可能更管用。最难的是迈出打针这一步，接受打针是小杰弗里从"正常人"变成"病人"的转折点。打针前，"矮"只是一种对身高的描述；但打针后，"矮"变成了一种疾病诊断。从此以后，他的生活就会用"打针前"和"打针后"来区分。一旦巴拉班一家的心态跨过"健康"的界限来到"生病"

一边，他们就会不断去尝试新药。

但巴拉班一家不知道的是，对医院来说，生长激素是个天大的难题。医院的甲状腺素充足，但生长激素稀缺。获取生长激素就像淘金，每位医生都想分到一些。当芭芭拉同意尝试生长激素疗法时，索贝尔医生笑了，这让芭芭拉紧张起来：医生是在嘲笑我吗？索贝尔医生解释说，阿尔伯特·爱因斯坦医院只有少量的生长激素，但已经承诺给另一个小孩使用了。所以，索贝尔不是在嘲笑芭芭拉，而是因为芭芭拉觉得换药很容易，就像从药柜里换瓶药拿出来一样简单。

治疗用的生长激素只能从死人的大脑中提取，所以它叫作"人类生长激素"，而不是简单的"生长激素"。一个垂体分泌的量只够一个患儿使用一天，而医生认为身高发育不足的小孩需要每天使用，至少坚持一年才能达到疗效。没有研究测试过生长激素的有效剂量，但不知为何，一个垂体的分泌量就成了合适的剂量。换句话说，一年需要365个垂体或者365具尸体，才能让一个小孩长高。即使数学不好的人也能想明白，全美国身材矮小的患儿这么多，何止成千上万，这得需要多少个垂体啊！

索贝尔医生想出了一个可能是医学史上最奇怪的提议，她让芭芭拉自行采集这种稀缺的药物。"她看着我说：'你在医院里有认识的病理学家或者其他人能弄到垂体吗？你的孩子需要100个，只要你能弄到，剩下的事情交给我就行。'"

如果索贝尔让芭芭拉去筹钱，那会容易得多，就算组织一场横跨华盛顿的游行也比这轻松。但索贝尔让她收集的是一种深藏在大脑内部的组织，这对一个非医学专业的人来说简直难如登天。

芭芭拉·巴拉班和她的孩子站在医生办公室里，她知道自己即将踏上一段漫长又陌生的旅程。在接下来的几周里，她和她的丈夫奔走于全美国各个停尸房，混进各种高端医学会议，芭芭拉也因此从一位忧虑的母亲变成了美国首屈一指的大脑垂体中间商。这段历程需要运气和人脉，还需要顽强的意志力。用她自己的话说："我们是走投无路了才会这样。"

1866年，法国神经学家皮埃尔·马里发现，巨人症的病因是垂体过大。但直到半个世纪以后，医生们才确定导致巨人症的具体激素是什么。医学研究者之间的学术竞争就像海底捞宝，每个人都在同样的地方搜索，唯有第一个找到的人才能享有所有的功劳和名誉。

发现生长激素的荣誉归属于加州大学伯克利分校的两位科学家：赫伯特·埃文斯和李卓皓。赫伯特·埃文斯曾经是哈维·库欣的学生，李卓皓是一名生物化学家。他们在1944年的《科学》杂志上发表了一篇文章，宣告赢得了"寻宝"比赛。埃文斯和李博士从垂体切片入手，确认了它含有生长必备的原料。他们给大鼠喂食切碎的垂体，并发现大鼠的体形猛增。他们又切除了大鼠的垂体，致使大鼠的体形萎缩。在他们重新把垂体注射到大鼠体内后，大鼠的体形又开始增大。

这个实验后不久，这两位科学家就从垂体切片中分离出神秘的生长激素。有些人怀疑他们提取的生长激素不纯，其中混入了甲状腺、卵巢和睾丸等杂质。换句话说，他们不承认生长激素的存在，认为这两位科学家把垂体的其他作用归到了一种不存在的激素头上。埃文斯和李卓皓为了证明他们的发现，在《科学》杂志上总结道："5 毫克的提取物未见以下任何一种效果：催乳，促进甲状腺分泌，促进肾上腺皮质分泌，促进卵泡生成，增强间质细胞的活动。"也就是说，他们提取的就是生长激素，因为它不包含其他"具有生物活性的垂体提取物杂质"。

埃文斯和李卓皓用两只小狗完成了实验，并获得了媒体的极大关注。他们从屠宰场找来了一个牛头，取出了其中的垂体。接着，他们把获取的生长激素注射到腊肠犬幼崽体内。结果，接受注射的幼犬比它的兄弟姐妹高大得多，不仅体形更大，脖子更粗，下巴也更宽。《生活》杂志刊登了一张实验犬的照片，占了一整个版面。文章说，实验犬看起来更像斗牛犬，而不是腊肠犬。的确，这个实验验证了以前的医生对生长激素作用的推测：它不仅能促进身高发育，还会引起相貌的变化。这些体貌特征的变化是库欣在多年以前就提过的，也是促使他写信给《时代》杂志痛批选丑大赛的原因。

一开始，医生以为人类可以从动物身上获取足够的生长激素，因为他们觉得不管什么动物分泌的生长激素都一样。如果母牛的生长激素能在大鼠和狗身上起作用，那么它也能供人类使用。比如，胰岛素就是从猪身上提取的，它有助于稳定人类的血糖水平。

不幸的是，生长激素和胰岛素不一样。猪的生长激素能让老鼠长大，但对人类却毫无效果。医生也尝试过在人身上使用牛的生长激素，同样没有效果。

1958年，塔夫茨大学的莫里斯·拉本医生宣布自己成功地从人类遗体上获取了生长激素，并用于帮助侏儒症患者增高。他的成果被刊载在《临床内分泌与代谢期刊》的第901页，其中说，给患者每次注射1毫克生长激素，每周两次，持续两个月，再以每次2毫克、每周三次的剂量和频率注射7次生长激素后，患者的身高增加了约6.8厘米。

各大实验室都在抢夺第一个成功应用生长激素的荣誉，拉本的竞争对手包括加州的埃文斯实验室（这个实验室在分离动物生长激素的竞赛中曾经输过一次）。拉本将实验结果以信件——而不是文章——的形式寄了出去。只需稍加宣传，信件也能有效地吸引媒体的报道。塔夫茨大学的医学研究突破登上了媒体头条，《纽约先驱论坛报》的文章《激素使侏儒长高：为癌症、肥胖、衰老带来的启示》就是其中之一。

人类能够利用生长激素的新闻振奋人心，但有些医生担心它可能被滥用，哈佛大学的医生菲利普·亨内曼说它"制造不出杰出的篮球运动员"。而且，大多数人不知道的是，生长激素作用的发现意味着它的供给是有限的。

1961年开学没多久，也就是侏儒症疗法新闻发布的2年后，杰弗里·巴拉班到索贝尔医生办公室复诊。芭芭拉被告知，她的儿子需要每周注射三针生长激素。在理想的情况下，患者应该每天注射一针（这个剂量是靠拍脑袋拍出来的，而不是测算出来的），但由于供给实在短缺，所以一周注射三针也可以。

按照这个数字来推测，就意味着一年需要156个垂体或者156

具尸体，这个数量令人震惊。那时的芭芭拉更没有想到，杰弗里在接下来的10年都需要注射生长激素。索贝尔医生说，如果芭芭拉能找到100个垂体，就可以开始治疗了。"我们给最好的朋友打电话，他是一名外科医生，还找了另一个病理学家朋友。但是，他们都说自己正在为其他项目做研究。"芭芭拉说。他们所谓的"其他项目"其实是其他收集生长激素的组织。

几十年后，巴拉班夫妇在南佛罗里达的退休社区回忆说，索贝尔医生之所以让他们收集100个垂体，可能并不是因为她认为这些垂体真能让杰弗里长高，而是因为她不想让巴拉班夫妇陷入绝望。"她伤心地看着我们说：'对不起，两位，实在是没有现成的生长激素。'"阿尔回忆道。但沉默了一会儿她又补充说，如果你的人脉足够强，也许我们能帮上忙。

抱着索贝尔医生给他们的一丝希望——事实上有可能是失望——芭芭拉立即奔走起来，这令阿尔感到难过。"我们俩坐在一起哭了三天。"芭芭拉说，"后来我觉得，我们应该对孩子的一切负责。如果我们不惜一切代价帮他长高，他却只能长到1.2米，我们也可以说自己尽到最大努力了。"

也许，如果索贝尔医生告诉他们侏儒症根本无药可治，他们会更轻松。如果他们没听从体检医生的建议去咨询专家，他们就永远不会开始这个几乎不可能成功的实验。但现在，他们已经无法回头了。

芭芭拉·巴拉班觉得，她不能夺走孩子开心的源泉之一：长高。其他小孩都能享受到这份快乐，她的儿子也应该一样。于是，她开始做她最擅长的事情：筹款。她还想到，家长教师协会以及征兵局的方法肯定也能用在招募寻找垂体的志愿者上。"每个人都被鼓励去当志愿者。"她说，"我很幸运有一个允许我花钱请人到家里来聚会也不生气的丈夫。"

阿尔想到，他可以联系自己现在在做病理学方面工作的老同学。但芭芭拉告诉他这还不够，他们应该给所有认识的人写信，问问他们有没有愿意帮忙找垂体的医生朋友。阿尔看着他的妻子说："你想干什么？是想把大家组织起来创办一个国家机构吗？"

芭芭拉的确这么做了，她创立了人类成长基金会，它的宗旨是把治疗方法告知侏儒症患儿的父母。后来，巴拉班夫妇成为美国国家脑垂体中心的联合创始人。但在1961年，他们的目标还只是为杰弗里收集垂体。

芭芭拉坐在厨房的餐桌旁，给他们认识的每一个人写信。"我说的'每个人'指的是阿尔的所有同学，我每次开会结识的人，还有我的三个小孩的所有同学的家长。"在那个没有电子邮件和其他网络通信方式的时代，这件事做起来真的很艰难。从信件的数量上看，就可以知道芭芭拉有多么绝望。但是，他们需要用垂体把杰弗里从身材矮小的痛苦深渊里拯救出来。于是，他们请求朋友帮忙联系医院，并在孩子的学校、教堂、清真寺传递他们的希望。她还告诉他们，可以把垂体放进盛有丙酮的试管里保存，丙酮就是洗甲水。芭芭拉在1961年11月寄出了第一批信件。

陆续有人打电话给芭芭拉，说他们手上有垂体可供她使用，有人甚至一次能提供三个。"我们知道后欣喜若狂，并赶快把它们收集起来。有一次我接到一个朋友的电话，她说：'我有好东西给你。'我问：'你从哪里找到的？'朋友说她参加了一个婚礼，新娘的父亲塞给她一个包裹，上面的收件人是我。"芭芭拉说，"包裹一个个地送到我家，这些垂体看起来就像一罐罐豌豆。"用知名内分泌学家萨尔瓦托·拉伊蒂医生的话来说，约2升装的牛奶盒就能装下1 000个垂体。

大多数时候，医生们会把垂体泡在装有丙酮的瓶子里，再给到巴拉班夫妇或是他们的朋友。通常，阿尔会去那些医生的办公室取，但有时也要去停尸房。拿到垂体后，巴拉班夫妇会先把小瓶子里的垂体倒进装满新鲜丙酮的大瓶子里，再储藏在洗衣间的壁橱里。

那个年代，谁都可以把垂体泡在装着洗甲水的玻璃瓶里，然后捐给需要它们的父母，也可以邮寄给别人。有的医生会将大脑腺体冷冻起来，这样能比常温状态下保存更多的激素。但如果你不小心把它们解冻了（比如路上拥堵的时间太长），就完全没用了。如果时间推后40年，这件事将会变得非常复杂：脑组织会被归类为生物危害品，处理它们需要得到特殊许可，并接受监管，更别说取出死者的身体组织还需要其家人的知情同意书了。

"我们没想过这件事是否合法，"芭芭拉说道，"那时候连健康保险流通与责任法案都没有。这些脑组织只能通过尸体解剖拿到，死者家属也没签过字。总之，我们什么都没想就这样干了。"

"每天都有人告诉我们哪里有新的垂体。有一天，一个人在电话里对我说：'我有三个。'我问：'我这就过去拿，可以吗？'他

装着垂体的罐子
拉尔夫·莫尔斯/生活图片库/盖蒂图片社

答道：'你要来得克萨斯吗？'后来，那个人寄来一个塞满棉花的
纸箱，里面包裹着一个圆柱体容器，容器里装着三个被丙酮浸泡
着的垂体。我和阿尔看着彼此说：'原来这么干就行。'于是，我
们开始收集包装材料。"

"从那以后，我们在寄信的时候也一起把包装材料寄出去。我们准备了带螺旋盖的瓶子、棉花、圆柱体的包装箱、写好地址的标签，以及很多邮票和包装纸。我们把这些东西寄给有可能向我们提供垂体的人，对他们来说，不需要自己支付任何费用。每当有人把垂体装在容器里寄回来，我们就会把包装材料再寄给他们。"

芭芭拉把所有有过来往的人的名字都记在小卡片上：捐赠脑垂体的人，提供线索的人，还有登门求助的人。她把卡片按字母顺序排列好，并用颜色分类：绿色代表捐赠者，红色代表线索提供者。他们都收到了芭芭拉的感谢卡。

巴拉班夫妇在新泽西和朋友们一起度过了圣诞节。他们回家后在信箱里发现了一个小包裹，加上这几个就能凑够100个垂体了。"别人花了半年时间才凑够100个，"芭芭拉说，"而我们1个月就做到了。"

她带着100个脑垂体赶到阿尔伯特·爱因斯坦医院，她以为索贝尔医生会感到很惊喜，但她的反应却极其冷淡。"根据我对她不多的了解以及她对越南战争和橙色落叶剂广告的反对，我猜她或许认为是因为我们有权有势，所以才能找到这么多垂体。而她的其他患者却没有资源或者人脉做到这一点。"

对芭芭拉来说，更让她吃惊的是，索贝尔医生说至少要等3个月，这些脑垂体才能被制成激素药物。

美国当时有三个实验室有能力提取生长激素：加州大学伯克利分校，塔夫茨大学和埃默里大学。提纯生长激素就像从矿石里切割出宝石，既要耐心和细心，还要有精湛的工艺。为了实现激素的提纯，每个实验室都有自己的技术。巴拉班夫妇收集的垂体最终被送到了埃默里大学的阿尔弗雷德·威廉密医生那里，但提取出来的生长激素由威廉密医生和小杰弗里平分。芭芭拉不得不同意这个条件，因为每个实验室都要求分得一部分供研究使用，而只有这些实验室能提纯生长激素。

杰弗里对激素疗法从一开始就非常抵触，每一针激素都是他的父亲为他注射的，每一针都让他觉得很疼。"我记得他脸上痛苦的表情。"阿尔说，但杰弗里的父母认为他们在为他做正确的事。阿尔告诉杰弗里，他在这件事情上没有选择，等他看到治疗效果之后，他就会明白父母为什么要这样做了。不过，如果治疗没有效果，也没办法。

杰弗里每个月都得向学校请假去医院复诊，他不得不一丝不挂地躺在病床上，等索贝尔医生测量他的每一个身体部位的尺寸。"他们还测量了他的阴茎长度，这太糟糕了。"芭芭拉说。

"在杰弗里的治疗进行了差不多一年的时候，"她说，"有一天，一个政府机构的人找上门来，他说我们是美国国内第三大垂体采集机构，仅次于美国国立卫生研究院和美国退伍军人管理局，并要求我们把资源公开。他还说，他找医生参与政府的合作项目时常被告知，他们已经在和巴拉班夫妇的人类成长基金会合作了。"巴拉班夫妇表示愿意与其他人分享他们的垂体资源，只要留下的份额足够杰弗里使用就行。

罗伯特·布利泽德是一位儿童内分泌科医生，他首创了很多激素实验。他在为约翰斯·霍普金斯医院的患儿收集垂体，并按照每个两美元的价格付给提供垂体的医生。但巴拉班夫妇没有向任何人付钱。[①]

医生们为了争夺脑垂体资源而变得越发不择手段。有些医生抬高了价格，希望能保证供应源的稳定。布利泽德医生担心这会催生黑市交易，到那时，就只有最迫切或者最富有家庭的孩子才能得到治疗资源了。1963 年，他举办了一次会议，召集了当时几个最大的生长激素提取实验室的研究人员，还有一些侏儒症患儿的父母，巴拉班夫妇也参加了。

布利泽德提议建立一个大家共享的资源池。但垂体供应商们担心集中管理会减少供应量，因此，布利泽德医生建议，每个机构获得的垂体数量不应少于资源池建立之前。合作于 1963 年展开，这个新组织名叫美国国家脑垂体中心。该组织由美国国立卫生研究院资助，刚开始在约翰斯·霍普金斯医院外运作，由布利泽德医生领导，后来由马里兰大学的萨尔瓦托·拉伊蒂接任。

由于美国国立卫生研究院的资助只能用于临床试验，而不能用于治疗，所以由美国国家脑垂体中心提供的器官必须用于临床试验。然而，当时的人们认为给小孩做正确的治疗太重要了，所

---

① 吉尔·索利泰尔是一名已退休的神经学家，巴拉班夫妇收集垂体时他正在耶鲁大学工作。他回想起之前把垂体和各种与研究相关的东西运进约翰斯·霍普金斯医院，但不记得有人为此付过钱。"我只记得，如果我们有垂体，我们就会送到约翰斯·霍普金斯医院；如果有个大脑标本或者任何有关的器官，约翰斯·霍普金斯医院也会想分一半。所以我以前总喜欢说，如果你想去约翰斯·霍普金斯医院，带上半个脑子就行。"

以没有人会给患儿使用安慰剂做对照实验。"参与临床试验"对患儿来说只是意味着有人做仔细的检查，并把资料匿名保存起来。

美国国家脑垂体中心的医生不遗余力地发挥着他们的作用，也努力阻止除该中心以外的组织收集和分配垂体资源。他们迫使国外的医疗机构不得不使用境外的垂体资源，并发文呼吁任何拥有垂体资源的人都应该参与到美国国家脑垂体中心的项目中来。他们鼓励记者撰写关于侏儒症的文章，宣传垂体需求的紧迫性。他们也尝试将脑垂体功能减退编成故事，拍成电视剧，比如《基尔代尔医生》和《本·凯西》，但没有取得成功。另外，只要是和垂体资源相关的人，他们都会前去寻求帮助。弗雷德·马勒是环球航空公司的一名飞行员，他有两个孩子都患有脑垂体功能减退的病症（另外两个小孩没有）。马勒答应把包裹放进驾驶舱，无偿帮忙运送垂体，他的"垂体飞行员"组织日益壮大，包括600位医生和50名飞行员。1968年，马勒在美国病理学会的会议上受到表彰。马勒表示他很愿意帮忙，因为"如果不这样，事情就会演变成丛林战争，每对父母都会竭尽所能为自己的孩子争取垂体资源"。

美国国家脑垂体中心还颁布了指导手册。比如，他们建议男孩长到大概1.68米、女孩长到1.60米时，就应该停止使用生长激素。这其中的原因并不是担心用药过量，而是为了让其他患儿也能分配到足够的药物，确保大家都有机会长高。

与此同时，生物科技公司开始尝试合成人工激素，以摆脱对尸体的依赖，解决生长激素的供给问题。但很多医生都担心合成药物的安全性，所以仍然倾向于提取垂体激素这种天然的方式。

然而，不同批次的天然激素的药效差别非常大。早期，医生会先将大鼠的垂体切除，再给它们注射微量生长激素，几周后观察效果。虽然这种方法很残忍，但它可能是当时最有效的方法了。

不论人们对新疗法有多么兴奋，或者报纸如何高呼"我们将终结侏儒症"，但没有可靠的证据证明激素疗法一定有效。比如，每天注射1毫克并持续10年会不会让人长高？没人知道。同样，也没人对比过使用激素和不使用激素的患儿有什么区别。对有些小孩来说，生长激素似乎管用，能帮他们从1.2米以下长到1.5米以上，但在有些小孩身上却根本没有效果。不管怎样，没有数据表明不注射生长激素的患儿会长多高。

杰弗里·巴拉班从8岁到17岁，每周注射三针生长激素，他最终长到了1.60米左右。他的父母认为这是坚持注射生长激素的结果，但是，他不注射激素或许也能比8岁时长高几十厘米。杰弗里对激素疗法一直十分抗拒，最重要的是，这个过程中的每一天都在提醒他：他和别人不一样，他无法融入其他人的圈子。1971年7月8日，杰弗里的治疗宣告结束。他的父母一致认为他已经长大了，能够自主判断这件事情的结果。虽然他们的儿子已经退出了治疗计划，但巴拉班夫妇依旧活跃在侏儒症患儿家长的互助小组里。

有一段时间，生长激素的收集和分配似乎比预期的还要顺利。到1977年，生长激素的提取主要集中在加州大学洛杉矶分校阿尔伯特·帕洛医生的实验室。帕洛医生从垂体中提取的激素量是其他人的7倍，更重要的是，他年轻时参与了早期的激素提纯工作，他相信自己的经验和对细节的苛求能让他提取出最纯的激素。

全美各地的垂体都汇总到洛杉矶并被制成药物，再从洛杉矶散发到各地，提供给侏儒症患儿。这个庞大的系统需要繁杂的调度与密切的配合，这一切都离不开志愿者父母、儿科医生、生物化学家以及内分泌学家的努力。在很短的一段时间内，这似乎代表着美国医药行业的最高成就。不过，终有一天，新的数据将使人们的幻想彻底破灭。

第9章

甲状腺素：微不可测

20世纪70年代，儿童中开始流行一种奇怪的疾病，平均每4 000个小孩中就会出现一例。患儿头大、脖子粗，皮肤干燥且呈鳞片状，舌头肥大松弛，耷拉在下巴上，就像蔫了的花朵。这些孩子虽然看起来胖乎乎的，但皮肉松弛，就像布娃娃一样，让人担心。等他们年龄大一点儿的时候，还会有更多症状出现。他们说话词不达意，吃饭很费劲儿，把勺子送到嘴边似乎也是件难事，甚至看着别人的眼睛都做不到。医生把这种情况称作"呆小病"，这个名称很快就成了"傻子"和"白痴"的代名词。

令人匪夷所思的是，治疗这种病的药物在100多年前就已经有了。医生们知道致病原因是甲状腺素不足，他们也知道如何改善——吃甲状腺药物，加速新陈代谢。这种药物还很便宜，到处都能买到。人们可以将这种药溶解在水或牛奶里，或让患儿随母乳服下。尽管药物容易获得，用法也简单，但仍有大量幼儿患病。因为这种疾病从出生开始就得治疗，而这些患儿在出生时看起来都很健康，查不出来问题。等医生发现患儿身上的症状时，他们大多已经6个月大了，错过了治疗时机。脑损伤一旦造成，就无法靠补充甲状腺素挽回了。

20世纪80年代，我步入了在医学院学习的第三年，终于不用再对着图片和教材比画，可以去医院观察真正的患者了。有一天，教授带了一个呆小病患者过来。她被邀请（也许是被哄骗）来和我们在一间拥挤的会议室里聊聊天。她20多岁，和我差不多大，身材敦实矮小，长着圆脸和一头棕色短发。她很爱笑，也很害羞。我不记得当时对话的具体内容了，只记得场面有些局促。她似乎感到自己很特别，就像做演讲的专家一样。从某种程度上说，她也算一位专家了。她告诉我们，她之所以是现在这个样子，是因为20多年前有人犯了一个错误，导致她在出生的时候贻误了诊断时机。

现在，我们很少听到呆小病这种说法，千禧一代可能根本不知道这个词，人们也无须再忍受这种病痛。这得益于一种新技术的发明，它的发明者不甚出名，但做出的贡献举足轻重。她是一位来自布朗克斯的女性，她测量了曾被视为无法测量的东西。

没人能预料到罗莎琳·雅洛的成功。在她出生的时代，犹太人被主要的社会组织排斥，女性更是被所有组织排除在外，而她是一名犹太女性。可是，现在几乎每个使用过呆小病药物的人都受到了她的恩惠。

罗莎琳出生于1921年7月19日，是家中的第二个孩子。她的父母是贫穷的俄罗斯移民，虽然高中没毕业，但热爱阅读，他们努力通过阅读小孩的教材来学习知识。罗莎琳从小就被教导如何用最少的花费获得最大的收益，这个能力对她之后的研究工作大有裨益，因为她只有一个储藏室改造成的实验室，资金也少得可怜，但仍然取得了重大突破。罗莎琳8岁时，家里的经济状况变得更差了。她的母亲在家做工——把领子缝到衬衣上，罗莎琳负责用力把布料拉平，便于母亲缝制。从她的自传可以看出，她从小就懂得如何"全力以赴，排除万难，专注于工作"。

罗莎琳在本地的高中读书，毕业后进入了亨特学院（一所当地的公立大学），并以优等生的身份获得了物理学学士学位。她想成为一名科学家，但她的老师建议她去当科学家的秘书。罗莎琳感到灰心，但她没有放弃自己的梦想。她成为哥伦比亚大学一位生物化学教授的秘书，同时也没有放弃成为一名教师的机会，但教授却建议她学习速记。

罗莎琳差点儿就被普渡大学的研究生项目录取了。"她来自纽约。她是犹太人。她是女人。"招生办在给亨特学院教授的信中写道，"如果你能保证她毕业后可以找到工作，我们就给她提供助教职位。"可是，没有人为她毕业后的工作做担保，所以她没能拿到录取通知书，毕竟普渡大学不想把入学名额给一个找不到工作的人。不过，由于很多男性都去参加第二次世界大战了，罗莎琳还是拿到了研究生入学资格。"幸亏他们都去打仗了，不然我就拿不到博士学位，也找不到物理学方面的工作了。"她在几年后用这样的黑色幽默表达了自己的看法。罗莎琳收到了伊利诺伊大学工程学院的通知书，立即把速记的书丢进了垃圾桶，然后动身西行。到那里没几天，她就遇到了同学亚伦·雅洛，一年后他们结了婚。

当罗莎琳的课业即将结束时，系主任把她叫到了办公室。她的所有科目的成绩几乎都是A，但系主任却指着她唯一一门得A–的课程说道："这就是女人做不好实验的证明。"

事实上，罗莎琳将会做出20世纪医学界最关键的发明。她于1945年获得博士学位，比她的丈夫早了一年。毕业后她回到纽约，想在大学的核实验室里工作，但没人愿意雇用她。于是，她成了亨特学院的一名临时的物理学助理教授。但她的职位还是低人一等，因为这是一所女子院校，物理学在这里并不受重视。（亨特学院从1964年才开始实行男女混合教学）。罗莎琳悉心教导学生，常常鼓励那些喜欢科学的女学生，她并不打算教出一大批秘书。"她把我推向了一个更广阔的世界，她总是说……你不应该放弃任何事情。"米尔德里德·德雷斯尔豪斯说，她是罗莎琳最知名的学生之一。（米尔德里德·德雷斯尔豪斯后来成为麻省理工学院第一位女性物理学教授，并出演了通用电气2017年的一支广告。在广告里，她作为一名成功的女性科学家出镜，备受欢迎。不少女孩都为这位86岁的女科学家疯狂，好像她是流行歌星一样。）

亚伦·雅洛在曼哈顿的库伯联盟学院获得了教授物理学的职位。他对婚姻忠诚，支持妻子的事业，还和当地的犹太教堂建立了良好的关系。罗莎琳不信仰任何宗教，但她愿意为亚伦营造一个符合犹太教礼仪的家。她每晚都会做饭，如果她要出去讲课或者出席会议（常有的事），她就会先把饭菜做好，然后放进冰箱。

　　在亨特学院执教的同时，罗莎琳联系了哥伦比亚大学的物理学家，表示她愿意接受任何实验室的工作。她终于成功了。布朗克斯的退伍军人管理局成立了一个核子医学部，他们打电话请哥伦比亚大学推荐候选人，他们推荐了罗莎琳。1950年，她加入了退伍军人管理局。新工作让她感觉兴奋，但让她苦恼的是，这里根本没有实验室，她只得用清洁工的储藏室改造出一间实验室。

　　退伍军人管理局几乎不招收女性科学家，少数被招进来的人也在怀孕后被迫离职了，但罗莎琳拒绝了这个无理要求。她告诉她的传记作者尤金·斯特劳斯："退伍军人管理局的规定是，女性员工必须在怀孕5个月的时候主动辞职——是辞职，不是休假。我总是开玩笑说，我是那里唯一一个只怀孕了5个月就生下了7斤4两重孩子的人。"

　　她的一生都以工作和家庭为中心，对她而言两者不可分割。她常邀请同事来家里吃饭，或者跟他们一起度假。她的孩子会在实验室里过周末。她每天往返实验室，有时还会在晚饭后过去。退伍军人管理局禁止儿童出现在实验室，所以每次驾车进大门时，罗莎琳都会喊一句"趴下"，孩子们就会在后座上趴低身子，等通过安检再坐起来。进入实验室后，孩子们一天都会和大鼠相伴，或是在妈妈做实验的时候写作业。

　　在退伍军人管理局，罗莎琳认识了所罗门·贝尔松，他是一名内科医生，十分热爱做研究。罗莎琳本来是面试贝尔松的，但结果却变成了一次咨询。她向贝尔松询问了很多问题，贝尔松则给她出了一道又一道谜题，他的智慧和才华令她震惊。罗莎琳当即雇用了贝尔松，贝尔松当时32岁，罗莎琳29岁。他们的第一次见面就催生出一段持续终生的友谊，这段友谊既是陪伴，也是智力上的抗衡。

罗莎琳对在能力上无法与她匹敌的人不感兴趣，也不愿意在他们身上浪费时间，所以她的朋友仅限少数科学家。不过，她对实验室的动物却关爱有加，每天早上喂食的时候她会抚摸它们，在实验结束后，她也不舍得按照流程把它们杀死，而是继续喂养，她的家已经变成了豚鼠和兔子的避难所。

她的伟大医学发现始于一些基础的内分泌研究。那时科学界的共识是，激素在体内的含量极少，根本没有办法测量。在使用激素药物时，医生也认为不需要担心免疫反应。当有异物进入身体（比如移植器官）时，免疫细胞通常会对其发起攻击。尽管大部分动物产品都有可能引发免疫反应，但当时的科学家认为激素治疗不会这样，因为激素的剂量太小了。

罗莎琳和贝尔松发现了病人对激素产生的免疫反应，推翻了上述观点。尽管他们的研究方法十分严谨，并在论文中做出了详细阐述，但还是被两大核心期刊《科学》与《临床研究杂志》拒稿了。两位同行审稿人认为他们的研究方法科学有效，但杂志编辑却不相信他们的研究结果。

罗莎琳写信怒斥杂志编辑，并坚信自己的研究数据已经撼动了目前的学术理论基础。最终，《临床研究杂志》同意发表他们的论文，但必须删除"抗体"一词。抗体是一种特异性免疫物质，虽然罗莎琳和贝尔松已经证明身体会对胰岛素产生抗体，但杂志编辑无法接受这个事实，坚持要求用一个更模糊的词语"球蛋白"来代替抗体。这相当于要求气象学家把龙卷风改称为"大风"。罗莎琳和贝尔松不情愿地照做了，论文于1956年发表，很快其他实验室的结果也证实了他们的发现。

对胰岛素抗体的研究让这对工作狂坚信，他们的发现将是革命性的。但关键问题是，胰岛素的含量极少，如何找到测量它的准确方法？尽管常识认为激素是无法测量的，但他们相信一定可以找到办法。他们结合自身在物理学和内分泌学方面的专业知识，开始设计解决方案，最终根据化学物质在体内结合的原理发明了测量工具。生物老师告诉我们，化学物质的结合方式就像锁和钥匙：一把钥匙只能打开一把锁。同样，一种激素也只会激发一种免疫细胞，它们就像天生一对。

这样的描述可能会使你的脑海中浮现出两块紧紧焊在一起的金属，但事实比这复杂得多。激素及其对应物并不是互相锁定的关系，而是松散自由的联结关系。就像双人舞表演，两个表演者时而靠近，时而远离，时而紧紧相拥，时而彼此分开。有时，竞争激素可能会以"第三者"的身份闯入，把抗体的"原配"激素推开。更复杂的情况是，抗体似乎应该主动出击，与"第三者"激素结合。但事实上，主动的一方是"第三者"，它将"原配"激素推开，并与抗体结合。

贝尔松和罗莎琳利用这个微妙的三角关系，设计了放射免疫测定法，缩写为RIA。研究者先要获取已知剂量的激素（原配）和抗体（与激素结合的免疫细胞），然后在液体混合物中加入患者的血液，其中包含未知剂量的激素。这样一来，就可以得到三种化合物：已知剂量的激素，已知剂量的抗体，未知剂量的患者激素。

待测的患者激素会把已知剂量的激素推离，并与抗体结合。通过测量反应后的激素化合物总量，就可以知道患者血液中的激素含量了。虽然激素的体积小，但激素与抗体结合产生的化合物体积较大。并且，如果能标记待测激素，让它们发光，就更容易测量了。这就是罗莎琳和贝尔松测量激素含量的原理，即通过计算已知化合物中被分离出来的量来推导未知化合物的含量。

他们根据激素与抗体间化学键的紧密程度（不同的激素不一样）开发了一种测量方法：根据被敲离的带有标记的激素含量，计算患者血液中的激素含量。被敲离的激素越多，证明患者血液内的激素含量越大。这样他们就能测量患者血液内的激素含量，并精确到每毫升十亿分之一克。

在RIA技术发明之前，医生验证生长激素效果的方法既费时又费力。他们先要将样本注射到大鼠体内，然后等上两周让激素起效，之后测量腿骨生长板，观测生长激素的效果。相比之下，RIA能立刻输出精确的结果。

有了RIA，医生终于能直接测量激素含量了。20世纪四五十年代的医生即使能诊断出患者患有激素缺乏症，也无法知道具体的缺乏程度。他们会给病人开激素药物，但不知道应该开多大剂量。当杰弗里·巴拉班第一次见到索贝尔医生时，他虽然做了很多测试，但都没能测量出他的生长激素含量，因为这在当时是无法实现的。

有的同行建议罗莎琳和贝尔松为RIA申请专利，但他们决定还是让更多人使用这项技术比较好。"我们没时间去做这种没有意义的事情。"罗莎琳说，"专利是一种以赚钱为目的却让人远离技术的工具。"因此，罗莎琳和贝尔松于1960年在《临床研究杂志》上公布了RIA技术的细节。他们还邀请任何想学习RIA的人参观他们的实验室，这吸引了来自世界各地的科学家。几年内，RIA就成为世界通行的标准测试方法。

1972年4月11日，离贝尔松54岁生日只差几天，他突发心脏病去世，当时他正在大西洋城参加医学会议。罗莎琳不是一个常把喜怒哀乐挂在脸上的人，但她在贝尔松的葬礼上却忍不住地啜泣。她将他们的实验室命名为所罗门·贝尔松实验室，只为了让他的名字能出现在她的每一篇论文上。她担心自己会因为贝尔松的离世而失去获得诺贝尔奖的资格，因为学界可能认为贝尔松才是一切功劳背后的灵魂人物，而她只是一名技术人员。此外，她觉得没人会尊重一个由物理学博士而不是医学博士领导的实验室。她当时51岁，正在考虑去医学院深造，这并不是因为她想获取医学知识，而是因为她想扫除通往诺贝尔奖之路上的障碍。最终，她放弃了去医学院读书，而是选择更努力地在实验室工作，开展更多有意义的研究。1976年，她获得了拉斯克医学奖，这被视为诺贝尔奖的热身奖。1977年，她获得了诺贝尔生理学或医学奖。

不知道RIA，就不能真正了解内分泌学的历史；不了解罗莎琳·雅洛，就不能真正明白RIA。她一生的成就不仅是智慧的结晶，更是努力和奉献的结果。1977年12月10日，诺贝尔奖委员会在她的颁奖词中写道："我们正在见证内分泌学新时代的到来。"

对罗莎琳来说，生活仍在前行，但她没有忘记获奖路上遇到的种种阻力。她获奖时，激素会激发免疫反应已成为常识。在获奖感言中，她提到了那篇没有杂志愿意发表的文章，并把拒稿信一同展示出来。

据说在斯德哥尔摩的颁奖典礼后，她就一直戴着一件诺贝尔奖奖章图样的饰物（由她的丈夫赠送），并在每一封信上签下"罗莎琳·雅洛，博士，诺贝尔奖得主"的字样。而且，据说她在实验室的公告板上钉了一块牌子，上面写着："女性需要花两倍的努力才能获得世人对男性一半的认可。"这是一句常见的女权主义的箴言。但罗莎琳抖了个机灵，加了一句："还好，这并不难。"她的子女否认了关于她的获奖感言的那段故事，但确实记得这块牌子。

获奖后，罗莎琳继续授课和做研究，直到她的身体状况变差。在她后期的一场演讲中，她对纽约市的一所小学的学生们讲道："新的理念一开始会被拒绝，但它最后会成为真理。当然，前提是你的想法是正确的。如果你的运气好，你就可以把之前被拒稿的文章在发表诺贝尔奖获奖感言时拿出来展示。"

20世纪90年代中期，已年过70的罗莎琳经历了几次中风。她于2011年5月30日去世，享年89岁。

放射免疫测定法后来成为研究者的常备工具，就像医生的听诊器一样。仅仅用了10年，即到20世纪70年代，每个内分泌学家都能以十亿分之一克的精度测量激素了，这相当于测量游泳池里的一滴眼泪。这种工具不仅能测含量，还能辨识激素之间的微妙差异。RIA使得人们能够测量曾被认为无法测量的东西，它让内分泌学从一门靠专家拍脑袋的学科变成了一门精确的科学。如果说有什么是RIA测量不了的，那就是它对医学界的伟大贡献。

托马斯·福利是匹兹堡大学的一名年轻的儿童内分泌学家，他所在的医学团队打算尝试使用RIA检测垂体功能减退。听说有人在魁北克做了试点研究，他决定自己也试试看。福利仍然记得3 577个小孩中第一个检测结果呈阳性的患儿。"这显著提升了我们判断激素水平和疾病之间关系的能力。虽然我们当时对它了解得不多，但这个方法的好处非常明显。"福利回忆道。现在，婴儿一出生，儿科医生就会给他们做例行检查：从足跟部取少量血液，做甲状腺功能筛查。这样一来，呆小病病情就能在开始发展之前得到控制。甲状腺功能减退也有可能是由碘摄入量不足造成的，因为碘是人体制造甲状腺素的必要矿物质。正因如此，全球公共卫生机构呼吁在食盐中加入碘。到20世纪80年代，不论是先天还是后天因素造成的呆小病都被消除了。

检测甲状腺功能减退只是RIA的作用之一。它还能检测多种潜在疾病，并作为关键技术应用于生育功能检查。除了内分泌学方面的应用，这项工具还被用来检测其他体积微小的物质，比如药物含量或者细菌。RIA也能用于检测艾滋病病毒。它的使用范围非常广泛，没了它医生可能就无法工作了。准确地说，现在的RIA技术已经和罗莎琳、贝尔松发明时不一样了，现在采用了更复杂的技术，对原始配方也做了调整，但是基本原理还是一样。

RIA是一项容易被低估甚至被忽略的技术，它的原理晦涩难懂。它不是药物，也不是新发现，而是一种检测技术。尽管如此，这项发明的重要性和对现代科学的贡献不言而喻。放射免疫测定法给医生打开了新的视野，就像揭开了他们的面纱，让他们看得更清楚。

第 10 章

激素提纯：成长之痛

1984年春天，21岁的乔伊·罗德里格斯乘坐飞机去看望他的祖父母。他住在加州，他的祖父母住在缅因州。在飞机上坐了几个小时后，他站起身来，但脊椎上一阵突如其来的疼痛让他差点儿摔倒。母亲递给他几块糖，觉得他应该是低血糖，也没有太担心。

乔伊的健康状况不是很好，他小时候被诊断出甲状腺素和生长激素不足，胰岛素（负责维持血糖水平稳定）功能紊乱，青春期的那几年一直在注射甲状腺素、生长激素和胰岛素。和其他孩子（通常一周注射三次）不一样，乔伊有美国国家脑垂体中心的特别审批，允许他每天注射生长激素，如若不然，乔伊的胰岛素水平就会大幅波动。生长激素不仅能促进生长，还能调节新陈代谢。有时候，即使乔伊每天按剂量注射生长激素，他的血糖水平也会骤跌，以致头晕目眩。在这种情况下，补充糖分一般都能帮他缓解症状，所以他母亲总会让他吃糖。

乔伊到了缅因州之后，他又开始头晕了，一连好几天都觉得不舒服。祖父想带他去开水上摩托，他拒绝说："还是不要去海上转悠了吧？我的头已经够晕了。"他的母亲一开始觉得没什么，但等他们返回加州时，乔伊的情况变得更严重了——不只是眩晕，身体也不受控制了。他好不容易才从飞机上踉跄着走下来，瘦弱的身体几乎无法保持平衡。他没喝酒，但看上去摇摇晃晃。他平生第一次感觉说话竟然如此费劲，舌头好像灌了铅，快被拽到地上去了。

罗德里格斯夫人立即把她的儿子送到斯坦福大学医院，但负责给乔伊做激素水平检测的医生没查出任何问题。于是，她又给乔伊小时候的专科医生打了电话。雷蒙德·欣茨医生十几年来一直负责给乔伊看病，直到乔伊超出了儿科患者的年龄界限。从医疗的角度说，欣茨比其他任何医生都更了解乔伊的身体状况。

当欣茨医生听出罗德里格斯夫人声音里的恐惧后，他让她立刻把乔伊送到急诊室，欣茨知道罗德里格斯夫人不是喜欢夸大事实的人。但是，罗德里格斯夫人还没做好准备去接受儿子的病情。乔伊站也站不稳，话也说不清，他不久前看起来还好好的，现在却一天不如一天。

乔伊蹒跚着走进神经科医生的办公室，他的两腿岔开，好像合上就会马上摔倒。他耷拉着肩膀，淌着口水，脑袋前后摇晃，从唇齿间费力地挤出话来。最可怕的是，他对这一切好像完全没有知觉。

神经科医生也不知所措，他安排乔伊住院，并在医院的周会上和其他医生讨论乔伊的病情，试图弄明白他是怎么从眩晕发展到认知能力减退的。医生们给出了几种可能的原因，比如，是不是在缅因州的森林里感染了什么病毒，但这无法解释乔伊在飞机上的症状。他们还怀疑，乔伊是不是有某种家庭遗传的退行性疾病，但他们找不出具体是哪一种。尚未当上教授的年轻医生迈克尔·阿米诺夫灵光一现，说道："克罗伊茨费尔特-雅各布病。"这是一种罕见的脑部疾病，也是一种不治之症，简称CJD。阿米诺夫在脑电图实验室工作，经常扫描大脑，他看过乔伊的脑电图，和成年的CJD患者的脑电图很相似。他还说乔伊的举止看起来也像CJD患者：病情急剧恶化，智力减退，却没有明显的原因。

资深的医生们并不认同阿米诺夫的看法，原因在于：第一，那个年代从未出现过如此年轻的CJD患者，典型的CJD患者一般都在80岁左右。第二，CJD的初始症状不是四肢失调，而是失智。

CJD无法通过检测发现。一种叫作脑电描记术（EEG）的大脑扫描技术能提供一些线索，但不能作为诊断依据。唯一的诊断方法就是给大脑做活体检查，海绵状、多孔的大脑可作为医生诊断的直接依据。

阿米诺夫在了解乔伊的病情后怀疑，乔伊注射的生长激素是不是被污染了。阿米诺夫现在是加利福尼亚大学旧金山分校帕金森综合征与运动障碍诊所的负责人，他回忆道："我告诉他们应该追踪一下垂体捐赠者的情况，看看那些垂体的原主人是不是患过脑部疾病。"但资深医生对此仍不以为然，阿米诺夫的话被他们当成了一个过于热心但又缺乏经验的年轻人的天真猜测。

6个月后乔伊离开了这个世界，还不到20岁。尸检发现他的大脑呈多孔的海绵状，这显然是由CJD导致的。几年内，有几百名患者被查出患有CJD，并且都和生长激素被污染有关。

生长激素的应用史是所有混杂着成功和失败的医学案例的缩影，其中既有科学家过人的智慧，也有医生的傲慢，还有父母孤注一掷的选择。人们对生长激素的最大恐惧在于它无法让孩子长高，而激素被污染这个悲剧的事实直到多年后才得以揭露。

在激素药物发明之初，每个人都对它们抱有热情。抗生素于20世纪40年代被发现，这对那个年代的人来说是他们童年记忆中的一个重大事件。到了这一代人的青春期，也就是20世纪50年代，人们排长队注射小儿麻痹症疫苗，因为它能让世人免除残疾之苦。他们不像今天的我们这样谨慎，担心药品和食品中可能潜藏着毒素。他们信仰医学，对它的益处深信不疑。

不仅如此，他们还是激进分子。他们为反对战争游行，为争取公民权利游行，为抗议种族隔离游行。他们有一种爱拼就会赢的思维，认为治疗疾病靠努力就能成功。他们为疾病烦心，但也有必胜的信念；他们不惜一切代价要战胜疾病，但也有纪律、有组织。促使芭芭拉·巴拉班收集垂体的乐观信念，同样让她忽视了其中可能隐藏的副作用。

生长激素的故事也是属于医生的传奇，他们和家长一样受到新闻宣传的激励，迫切地想让患儿们长高。他们站在疫苗和抗生素研发的最前沿，对医学进步的渴望比家长们有过之而无不及。在医学进步的过程中，前辈们看到了婴儿死亡率的骤降，也看到了病人寿命的延长。

这个故事反映的不仅仅是家长的单纯和医生的鲁莽。有一位内分泌专家早在几年前就说过，当事后诸葛亮总是更容易。等问题解决后再回过头看，总觉得答案就在眼前。但在找寻答案的过程中，无效的线索甚至是事故，看起来都像随机事件，难以辨别。

尸检报告显示乔伊患有CJD，这让他的儿科医生欣茨感到非常害怕。CJD是一种罕见的疾病，发病率只有百万分之一。有很多其他疾病的症状都和CJD类似，比如疯牛病、羊瘙痒病、库鲁病等。医生们把它们都归类为传染性海绵状脑病，简称TSE。这个名称准确地描述了这类疾病的特点：会传染，会形成海绵状的孔，发病部位在大脑。

欣茨回忆说，在两年前的一次研讨会上，有人怀疑生长激素药物里可能混入了被污染的大脑组织。那些话当时听起来就像天方夜谭，但现在已经成为事实。1985年2月25日，欣茨写信给美国食品药品监督管理局、美国国立卫生研究院、美国国家脑垂体中心，表达了自己的这种担忧。于是，美国国立卫生研究院的管理人员打电话给儿童内分泌科医生，要求他们给注射过生长激素的所有患者做检查，以确认欣茨的所见所闻到底是偶然现象，还是普遍现象。

1985年3月8日，众多生长激素专家会聚在华盛顿特区。他们中的大多数人都抱着怀疑态度，不少人还很生气。毕竟，他们被

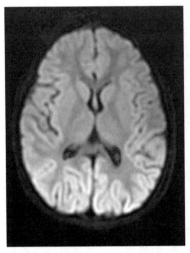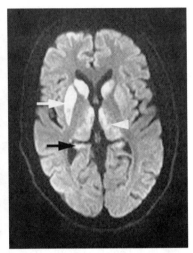

左边是正常人的大脑；右边是CJD患者的大脑，患者生前注射过被污染的生长激素

左图来自加州大学旧金山分校的威廉·P. 狄龙博士，右图来自伦敦大学学院英国医学研究委员会朊病毒研究所

从各地召集过来只是为了讨论一个男孩的案例。他们对此事可能引起全国性恐慌的担忧多过对疾病本身的担忧，如果这件事引起了不必要的恐慌，那么成千上万的孩子将会因为一个随机性的死亡病例而失去关键的治疗药物。

收集垂体的先锋人物罗伯特·布利泽德医生觉得他的好友欣茨反应过度了，他说个例并不能代表整体。

而且，布利泽德也给自己注射过生长激素。他在治疗侏儒症患儿的过程中发现，他们除了个头矮小之外，皮肤也很皱巴，脸颊上没有脂肪。布利泽德因此怀疑是不是生长激素的缺乏导致他们过早衰老。如果是这样，注射生长激素是不是就能减缓衰老，甚至让人返老还童？ 1982年，就在欣茨的质疑引起大家关注的几年前，布利泽德开始尝试给自己以及他的几个朋友注射生长激素。他们每人每天注射1毫克。"我注射了两年半，其他人是一年半。"布利泽德告诉我。

布利泽德检查了关键的新陈代谢指标，测量了骨密度，甚至是指甲长度。"我从未对媒体说过这些。"他说，"但我得到了我想知道的答案，那就是生长激素不会让你的头发由白变黑，也不会让女孩们为你倾心。"

但是，生长激素会对儿童造成致命伤害吗？简直是一派胡言。

欣茨的遗孀卡萝尔·欣茨对那段日子记忆犹新。（欣茨于2014年去世。）"那时十分艰难。"她回忆道，"有些内分泌专家觉得他是来搅局的，根本不相信他说的话。有的医生甚至打电话来质问他：'你知道你自己在做什么吗？这种疗法完全没有问题。'布利泽德医生给他自己注射了生长激素，感觉不坏，身体也很健康。还有的医生怀疑乔伊是不是有吸毒或者其他不良行为以致引发了感染。我丈夫对他们一家人都很了解，这是不可能的。"

专家会议召开的1个月后，也就是布利泽德对生长激素的风险表示不屑一顾的1个月后，他接到了一名医生的电话，说有一位32岁的得克萨斯州达拉斯市的病人去世了，而且症状跟乔伊·罗德里格斯一样：一开始步履蹒跚，紧接着失智。这位患者也注射了好几年生长激素，医生认为他患上的是运动神经方面的疾病，比如多发性硬化。

接着，儿科内分泌专家玛格丽特·麦吉利夫雷接到了一位曾经的患者家属的电话。这位患者住在纽约州布法罗市，22岁，离世前的症状也跟乔伊一样：先是动作不协调，然后是智力减退，最后死亡。没有人觉得这和注射生长激素有关，也没有人会因为神经系统疾病而给内分泌科医生打电话。

这三个案例使布利泽德的态度从冷淡转变为担忧。神经学家保罗·布朗在一篇关于生长激素历史的文章里写道："这些消息就像晴天霹雳击中了他，并彻底改写了人体生长激素疗法的历史。"

生长激素专家于1985年4月19日又一次会聚在一起，此时没人觉得欣茨医生是在杞人忧天。美国食品药品监督管理局叫停了几乎所有的人类生长激素治疗，不注射生长激素就会死亡的患者除外。

不久后，美国食品药品监督管理局批准了一种由基因泰克实验室研发的生长激素，这让基因泰克从一家创业公司一飞冲天，变成了一家实力雄厚的生物技术公司。布朗医生平淡地描述道："只有基因泰克没有受到这个事件的影响。"在这些案例曝光前，人们认为从人类或者动物身上获取的生长激素是天然的，也是安全的。即便有实验室合成了人工激素，人们也不愿意使用。但这个局面在这几个案例曝光之后便完全逆转了，一夜之间，合成激素药物被视为纯度更高也更安全的药物。美国食品药品监督管理局颁布的禁令并没有完全禁用生长激素疗法，只是换了一种形式（从天然生长激素变为人工合成生长激素）。

像普通人一样，医生也会被政治因素左右，还会受到恐慌心理和时代背景的影响。从尸体中提取的人类生长激素于20世纪六七十年代开始应用，那时并没有人担心它的纯度问题。虽然人们在将垂体组织投入使用前会简单地对已知病毒进行排查，但没有人重视对未知病毒的防治。用当时的一位生物化学家的话说，药物是从人体组织中提取的，一个人的人体组织怎么可能会伤害另一个人呢？

与此同时，美国国立卫生研究院开始了对生长激素使用者的漫长回访，他们要完成 7 700 个患者的跟踪调查。这件事确实不易，出于对患者隐私的考虑，医院并没有留存他们的真实姓名，而是在数据库中用代号表示。研究院必须根据这些代号找到患者当时的主治医生，但事隔多年有的医生已经退休了，有的病历记录也遗失了。

寻找患者并不是最大的挑战，更难的是，医学实验室会把从不同人身上取出的垂体放在一起提取生长激素，所以根本没有办法搞清楚哪个患者使用了哪个人的垂体。即使研究院的人能查出哪些垂体有问题，也没办法弄清楚它们的去向。

生长激素使用者曾以为自己是幸运儿，因为他们得到了稀少的激素药物。但现在，他们觉得自己是受害者。1987 年 11 月 27 日，包括马勒和巴拉班在内的家庭，收到了来自美国国立糖尿病、消化和肾脏疾病研究所的信件，信上说他们的孩子几年前注射的生长激素可能受到了污染，并且存在致命性风险。这封信还告诫父母们不要让他们的孩子献血，因为这有可能将致命性疾病传染给别人。可是，这些父母真正想知道的是，他们的孩子到底有没有感染这种可怕的疾病。

没有人知道真相，这种疾病可能会在患者大脑里潜伏数十年后才引发肢体或者认知上的问题。一旦发病，患者会迅速死亡，通常在症状首次出现的6个月内。没有人知道这5起死亡事件是偶然现象，还是灾难的开始，只有时间才能告诉人们真相。

巴拉班一家收到信时杰弗里已经35岁了，他们生活在加利福尼亚州。"我们并没有第一时间把真相告诉杰弗里，"芭芭拉·巴拉班说，"而是认真思考了该怎么措辞，比如其他孩子有了不良反应。"巴拉班夫妇不记得信中提到过"致命性疾病"几个字。

拉里·塞缪尔是新奥尔良的一名律师，他也注射过生长激素。他说他并没有因此感到恐慌或者愤怒。"但我记得鲍勃（布利泽德）对我一直很坦诚，他当时很担心。我想说，天知道，大概是在5年前的卡特琳娜飓风过后，我的身体开始颤抖，但随即排除了帕金森病的可能性。我打电话问他（布利泽德）：'这和CJD有关系吗？'"

戴维·戴维斯是一名记者，他也注射了生长激素。他采访了其他生长激素注射者，并写道："这些访谈让我感到窒息，因为让我们陷入这场闹剧的人彻底抛弃了我们，他们所做的不过是每年给我们更新一次消息。"

生长激素被污染的消息让其他国家也开始质疑，他们是不是也面临同样的问题。这个问题是只出现在美国，还是在世界范围内都有可能发生？不出所料，经过调查，其他国家也发现了类似的死亡案例。比如，英格兰的莎拉莱女士在1988年死于CJD，她也注射过生长激素。还有其他类似的病例。但英国官方决定先不通知患者，以免造成公众恐慌。

　　之后，澳大利亚也出现了类似的病例。当地政府决定先通知医生，由他们决定是否告知各自的患者。

　　很快，全世界都禁止了从尸体身上提取生长激素的做法。英国、新西兰、中国香港地区、比利时、芬兰、希腊、瑞典、匈牙利、西德、阿根廷、荷兰，也都停止了天然生长激素的使用。但法国没有这样做，让-克劳德·若布医生是法国垂体中心的负责人，他决定升级提纯的工序，而不是改用人工合成激素。直到三年后他才停止天然生长激素的提纯，并造成了严重的后果。

　　其实，有人从一开始就对提取生长激素的做法产生了质疑。爱丁堡神经病发病机理研究所的负责人艾伦·迪金森就是其中一位，他是一名羊瘙痒病专家。羊瘙痒病就是发生在羊身上的CJD，已被发现多年。1976年，他给英国医学研究委员会写信，警示垂体可能会被CJD污染，但根本没人搭理他。

　　另外一位反对者是艾伯特·帕洛医生，他是加州大学洛杉矶分校海港医疗中心一个实验室的负责人，该实验室也从事从垂体中提取生长激素的业务。就在迪金森提出质疑的几乎同一时间，帕洛也指出美国目前设备的提纯度不够。有些人认为，更严格的提纯方式会使生长激素的产量减少，加剧生长激素供给不足的问题。但帕洛仍坚持采用比别人多一步的提纯操作工序，他认为这可以使生长激素的纯度更高。

　　2011年发表的一份针对5 570名在1963—1985年接受过激素治疗患者的研究报告证实了帕洛的担忧。1977年，美国国家脑垂体中心将所有的生长激素提取工作都交给了帕洛医生的实验室。但这并不是出于安全考虑，而是因为他的提纯产出比其他人多。他能从每个垂体中提取出7毫克生长激素，而别人只能提取出1毫克。2011年的这项研究发现，美国有22名CJD患者是在美国国家脑垂体中心更换提纯实验室之前感染的。该研究团队的成员包括来自美国疾病控制与预防中心、美国国立卫生研究院的专家，他们认为帕洛的提纯方式"极大地减少甚至消除了"CJD传染源。美国国家脑垂体中心的负责人萨尔瓦托·拉伊蒂医生说："之所以在更换提纯实验室以后没有新的感染案例出现，是因为他们掌握了更好的提纯技术，并对疾病有了更加充分的了解。"

直到2018年，美国国立卫生研究院仍在追踪美国生长激素注射者的健康情况。追踪项目自1985年开始以来，在7 700名注射了生长激素的美国人中查出有33人死于CJD。法国有1 700名患者注射了生长激素，其中有119人死亡。法国的这个数字相当于其他国家的死亡人数之和，这使法国成为生长激素致死率最高的国家。在英国，有1 849名患者注射了生长激素，其中有78人已去世，一人于2017年8月被诊断出CJD，但直至本书英文版出版之时（2018年6月）仍在世。新西兰有159名患者接受了生长激素治疗，其中死亡6例。荷兰和巴西分别有两名患者死亡，澳大利亚、卡塔尔、爱尔兰各有1例死亡，都为CJD所致。

几个美国家庭起诉了他们的医生或美国国立卫生研究院，但法庭没有判定任何个人、机构存在失职行为或者构成医疗事故。这主要是因为法庭认为医生都在按照行医指南为患者治疗。

1996年，英国法院做出了对患者有利的裁决，对医生和制药

公司处以750万美元的罚款，用于赔偿死者家属和任何有可能注射
了被污染的生长激素的患者。

2008年，几个法国家庭对7名医生和一个制药公司提起诉讼，
罪名为谋杀和欺诈，但他们最终败诉了。"我担心我们没有从这次
事件中得到任何教训。在没有正确的科学和医疗对策时，我们可
能会面临更大的公共卫生安全危机。"吕克·蒙塔尼耶医生说，他
作为原告的专家证人出席了审判。蒙塔尼耶后来因为成功分离出
艾滋病病毒而获得诺贝尔生理学或医学奖。

将这场医疗悲剧的责任推给医生是很容易的，但也有许多医
生（包括布利泽德）认为，科学带来的进步大于它造成的伤害。
杰弗里·巴拉班和拉里·塞缪尔是患者中的幸运儿，他们都依靠新
技术长高了，并且没有副作用。如果说在这个事件里谁是真正的
英雄，这个人一定是欣茨，因为他在看似无关的病例之间发现了
联系。当他的患者乔伊·罗德里格斯因为罕见的大脑疾病离世时，
他本可以把死因归咎于先天问题，或者不幸在什么地方受到了不
明的感染。但是，欣茨做了两件重要的事情：一是他记住了一年
前学术会议上的发言，二是他了解了乔伊及其家庭。在乔伊生病
期间，欣茨陪在他身边，仔细观察和沟通，最终找到了关键的医
学线索。这些线索不是靠检查得到的，而是通过认真聆听病人的
诉求发掘出来的。欣茨向世界发出了正确的警告，如果没有他，
这个谜题可能还要拖上几年才能被解开。

第 11 章

激素替代疗法：绝经之谜

妇产科医生弗洛伦斯·哈兹尔廷对女性健康的研究可能比其他人都要深入。她创立了女性健康研究协会，并且是美国科学女性工作者组织的委员。她曾任美国国立卫生研究院人口学研究中心的负责人以及耶鲁大学副教授。除了医学博士学位，她还获得了麻省理工学院生物物理学博士学位。她也是《绝经：评估、治疗与健康隐患》一书的作者之一，该书讲述了相关领域的最新进展。哈兹尔廷知道很多行业内幕，了解医学专家不愿在公开场合谈论的很多东西。

她在意识到自己即将绝经时，马上采取了医学措施。这一举动让她的同事感到十分震惊，但她在书里对她给自己开的药方只字不提。

1990 年夏，弗洛伦斯·哈兹尔廷 40 岁。她说服了一位妇科医生为她做手术，将子宫切除。当时哈兹尔廷既没有患癌症，也没有疼痛感，而这些才是女性做子宫切除术的通常原因。

哈兹尔廷决定做手术时，已经不在耶鲁大学工作了，她每日往返于纽黑文的家和马里兰贝塞斯达的研究院。她不想在耶鲁大学做手术，因为这肯定会激怒同事。她不是一个怕事的人，但她不想让自己的这个决定成为别人茶余饭后的谈资。所以，她决定去之前参加过培训的医院做手术。"我给身在波士顿的我最欣赏的妇科医生打了个电话说：'给我约在劳动节（9月的第一个周一）之前吧。'"

哈兹尔廷想用雌激素来缓解绝经症状——出汗、潮热、脸发红，但她也知道雌激素会影响子宫内膜，增加罹患子宫癌的概率。所以，她决定切除子宫。没有了子宫，她就可以毫无顾虑地使用雌激素了。

"即使在来月经的时候，我的潮热症状也很严重。"她在手术的几年后说道，"我参考了20世纪80年代所有跟激素有关的数据。"

哈兹尔廷知道，她可以通过在雌激素里加点儿黄体酮来降低子宫癌的概率，这样就不用做手术了。但她说："这种鬼东西让人感觉糟透了，就算把字典翻烂也找不到一个词来形容那种感觉。因此，我宁愿去做子宫切除术。我想使用雌激素，但我不想使用黄体酮，也不想得子宫癌。"把子宫切掉就不会得子宫癌了，因为子宫癌长在子宫的开口处。得子宫癌的概率还会因为人乳头状瘤病毒（HPV）而增加，这是一种可以通过性行为传播的病毒。"我是20世纪60年代出生的，这一代人的性伴侣都不少，切除子宫可算是一举两得。"她说。

从那以后，哈兹尔廷每天都会使用一毫克雌激素。差不多也是在哈兹尔廷用药缓解绝经症状的时候，美国自然历史博物馆的人类学家海伦·E. 费希尔撰文赞扬了中年女性绝经后激素水平大起大落的好处。1992 年她在《纽约时报》的一篇文章里说，略高的雄激素和略低的雌激素使得绝经女性在工作中更善于表达，也更强势。"绝经带来的生理变化会增加她们的力量，也会让她们更好地去利用这些力量。"

也许她是对的。这可能会"鼓励女性去获得政治权利"，就像费希尔写的那样。但她没有引用任何科学文献来支持自己的说法，文章看起来似乎只想让衰老的女性心里好受一些，并尝试改变固化的职场地位。或许，她也想告诉人们，绝经的女性在职场中仍大有可为，不应该再把不能生育的女性送到乡下农场去干活了。

虽然费希尔的文章把绝经描述得非常乐观轻松，但绝经确实让很多女性苦不堪言。一代代的女性都可以证明，绝经和月经初潮时的感觉一样糟糕。在绝经时，她们会感受到一阵阵突如其来的愤怒，就像本来藏在心里的魔鬼一下子被释放出来。而这种感觉是她们在青春期之后再也没有体验过的。

接着，女性会感受到潮热。"潮热"两个字其实根本不能准确地描述这种感觉，它听起来只是一阵阵的热感，又短又快，并不严重。但事实上，当潮热发生时，你会感到自己肚子上绑着一个大火炉，让你喘不上气，大汗淋漓。对大多数女性（大约80%）来说，潮热感会在 50 岁左右袭来，并持续好几年。对少数不幸的女性来说，这种症状会持续几十年。但也有极少数女性一生都不会有这样的体验。有人甚至什么感觉也没有就绝经了，她们的体温不会忽高忽低，情绪不会变化，脑子不会感觉糊涂，性欲也不会减退。

哈兹尔廷在20世纪90年代做了手术，用她的话说，那个时代"人们对绝经的兴趣发生了天翻地覆的变化"。女性希望获得有关绝经的尽可能详细的信息，她们中的许多人也倡导服用安全的避孕药物。她们对这类事情的担心逐年增长，随着她们生育能力的下降，她们的关注点也从避孕激素转变为绝经激素。绝经激素和伴随它而来的问题，成了新闻媒体争相报道的对象。

美国国立卫生研究院的几项研究发现，女性在绝经后使用激素，不仅有助于缓解绝经症状，还有助于减少衰老带来的问题，比如阿尔茨海默病和心脏病。医生和制药公司对这些新发现感到很兴奋。尽管如此，步入老年的女性仍有些困惑。她们想搞明白两件事情：一是绝经后应该怎么做，二是她们日渐衰老的身体里到底发生了什么。谜底逐渐被揭开。

罗伯特·弗里德曼医生是韦恩州立大学精神科与妇产科教授，也是潮热症状研究的权威专家。他早期的研究和女性绝经毫不相关。1984年，他正在研究生物反馈（通过思维改变身体感觉）对缓解雷诺病的作用，有这种疾病的患者手脚浸在凉水里会感到疼痛。"那是一个周五的下午，"弗里德曼回忆道，"一名研究生在我的办公室问我：'我看了你的研究，你能让手脚冰凉的女性暖和起来，那你能让身体潮热的女性凉快一点儿吗？'"

　　这个学生的母亲就有潮热症状。弗里德曼此前没有研究过绝经问题，但他对这个挑战产生了兴趣。于是，他开始在当地的报纸上招募志愿者。他本来只需要几名研究对象，但志愿者蜂拥而至——为了能睡一个不被汗水浸湿的好觉，许多焦虑的女性愿意做任何尝试。

　　弗里德曼开发了一种能在实验室重现潮热症状，并进行客观检测的方法。志愿者躺在一把躺椅上，房间的温度逐渐升高。志愿者身上包裹着装有热水的垫子，有点儿像电热毯。用弗里德曼的话说，它类似于用来包裹新生儿或实验动物的罩被。为了准确地知道受试女性是否出现潮热，他把做心电图时使用的电极贴在女性胸前，来记录导电性的变化（汗液中的盐分会增强导电性），出汗标志着潮热现象的发生。为了测量受试者的核心温度，他使用了一种可消化的温度计。这种温度计的尺寸相当于一个大药片，受试者可将温度计咽下，就像吞服阿司匹林一样。在被服下之后到被排出体外之前，温度计每隔30秒就会将体温数据传至接收器，接收器可以放在身上，也可以放在实验室的任何地方。"不论它在你体内待多久，它都会把你的内脏温度传输给接收器，"弗里德曼解释道，"最后和粪便一起被排出体外。我们不需要回收温度计就能得到数据。不过，优秀的首席工程师萨姆·沃森在第一次使用后还是把它拿回来了，想拆开看看它是怎么工作的。"

　　弗里德曼尝试了许多办法，想弄清楚哪种最有利于减轻潮热症状。他发现，其中最有效的办法是每天进行两次腹式呼吸，每次15分钟。这个练习能够减轻白天的潮热症状，但对晚上的潮热症状却没有什么帮助。"晚上的确是个难题,"他说,"我们还没想出有效的办法。"

大多数人感受不到深藏体内核心部位的微小温度波动,这种波动大约为0.3摄氏度。低温会让人发抖,从而升高体温。而高温会让人出汗,从而降低体温。对绝经的女性来说,她们丧失了调节体温的能力。核心温度升高一点儿,就能导致她们大量出汗,这就是绝经女性在稍微热点儿的房间里抱着电风扇不放的原因,这也是晚上她们常踢被子的原因。

由于潮热和雌激素水平骤降同时发生,科学家一直以为它们是互相联系的。然而,真正有关系的不是雌激素的实际含量,而是激素水平下降本身。雌激素长期处于低水平状态的女性并不会出现潮热症状,但如果给她们服用一段时间的雌激素再停止,她们就会出现潮热。这可能是女性绝经后会感到惊恐的原因,特别是在天气热或者密闭的环境中,而这种惊恐是她们在绝经前从未有过的。

尽管人们记录下种种生理反应(雌激素骤减,肾上腺素上升,血管扩张),但没有人知道它们之间的联系是什么。是雌激素下降导致肾上腺素上升吗?这中间有没有其他激素参与呢?

人类对温度变化的反应很复杂:错综复杂的神经网络和激素将皮下的温度感受器与更深处的器官连接。科学家可以观测到温度变化是如何改变我们的生理指标的,但他们很难弄清楚孰先孰后。这就像搞清楚蜘蛛网是从哪里开始编织的一样难。

研究面临的一大难题是,我们没有现成的动物样本可供参考。

人类好像是唯一有潮热症状的生物。"我花了4年时间想让猕猴身上出现潮热症状。"弗里德曼说，"我们把它们的卵巢摘除了，还取出了它们的雌激素，甚至给它们加热，但都没用。"

有的科学家认为虎鲸会有潮热症状，它们可能是除人类以外唯一有绝经现象的哺乳动物。雌性虎鲸在停止生育后还会存活很长一段时间，它们在大约12岁时达到性成熟，在三四十岁的时候停止生育，但它们的寿命可长达80年。这可能意味着它们会像人类一样经历激素水平的变化。支持这种假说的证据听起来很诱人，然而，就算这个假设是对的，它对弗里德曼也没用，因为他需要能在实验室里配合做实验的样本，而不是外号叫作"杀人鲸"的巨型海洋动物。

在弗里德曼给受试者"蒸桑拿"的时候，亚利桑那大学的病理学博士娜奥米·兰斯着手从细胞层面进行研究，即检测去世女性的大脑。20世纪80年代，兰斯完成医学院的学习后进入约翰斯·霍普金斯大学攻读神经病理学博士学位。她的专业方向本来是青春期的激素变化，但随着年纪的增长，她的研究重心从青春期变成了更年期。

收集已故女性的大脑并不容易，兰斯需要的是未患其他疾病（比如阿尔茨海默病或者癌症）的大脑，否则这项实验就会受到很多不相干因素的干扰。她也不想让别的病理学家来做解剖，因为她担心自己需要的部位被意外漏掉，她只相信自己的手法。"我会亲手把死者的大脑取出来，因为神经病理学家做尸检的其中一个步骤就是取出大脑，然后切片，找到导致病人死亡的脑部问题。"

她需要检查下丘脑（在大脑底部），这部分含有与生殖有关的激素。她还需要检查垂体（在大脑下方），这部分也含有与生殖有关的激素。"你必须小心，以防破坏脑干。"她补充道，"这些样本必须新鲜，我尽可能找到死亡时间不超过16个小时的大脑，最多不超过24个小时。"如果超过这个时间界限，她想检查的细胞可能已经发生变化了。

在第一个实验中，她对比了三个年轻女性和三个年老女性的大脑。这个实验的规模很小，但这些大脑之间的差异却很惊人。兰斯发现，其中一个年老女性下丘脑中的神经元比年轻女性大30%，她觉得这种差别就像"白天与黑夜"。她在1990年7月号的《临床内分泌与代谢期刊》上发表了一篇文章，其中的照片显示出，绝经后女性的下丘脑神经元和蓝莓的大小差不多，但绝经前则和豌豆的大小类似。

兰斯还检查了反馈循环情况，即激素水平的升降，这最终促成了避孕药物的研发。她猜想，女性绝经后，大脑会收到雌激素水平下降的信息，并发出增加雌激素分泌的信号。但由于卵巢不再工作，所以雌激素水平无法恢复。于是，大脑会一直发出分泌更多雌激素的信号，最终使神经元体积增大。

为了验证她的假设，她研究了6个大脑：3个来自绝经后的女性，3个来自绝经前的女性。这一次，她发现年老女性下丘脑中的细胞肿胀，还发现了很多雌激素受体。她把目标对准了一种特殊的化学物质神经激肽B，它可能是在女性绝经后引起大脑改变的罪魁祸首。

一个英国的研究团队发现，注射神经激肽 B 会引发潮热症状，但这并不是最终答案。现在的理论认为，下丘脑中肿胀的细胞可能扰乱了年老女性的体温控制系统。这个答案并不完美，但它是一个良好的开始。根据这些发现，医生已经着手测试能否通过阻断神经激肽 B 而不是激素，来缓解潮热症状。测试取得的初步结果较为乐观。

20 世纪 90 年代，兰斯仍在坚持不懈地研究大脑，希望能为绝经女性带来更有效的治疗方法。同时，另一组激素研究者也在思考同样的问题，但他们看问题的角度更广。兰斯是由内而外地看问题，专注于检查大脑深处的细胞。其他人则是由外而内看问题，他们没有把注意力放在细胞和蛋白质上，而是放在患者及其症状上。他们发现，年老女性比年轻女性更有可能患心脏病、阿尔茨海默病、骨质疏松，以及癌症。他们还发现，年老女性体内的雌激素更少。这两者之间是否存在因果关系呢？或者说，雌激素是不是能让年轻女性免受这些疾病的困扰呢？如果是这样，年老女性能否通过补充雌激素来避免这些问题呢？

这种观念改变了人们对女性绝经的看法：它变成了一种类似激素缺乏症的疾病，就像糖尿病一样，是身体衰老表现的一种。于是，人们开展了一系列关于激素替代疗法的研究。

研究结果常常互相矛盾：今天有一个研究说激素疗法有效，明天又有一个研究说激素疗法对身体有害；有的研究说几年就能治愈，有的研究又说要终身治疗。在大多数情况下，尝试激素疗法的人都是处于社会上层的白人女性。1997 年的一项研究回顾了

1970—1992年的数据，发现和白人女性相比，黑人女性使用激素替代疗法的概率低60%。另一项研究总结了1995年之前的30 000次问诊记录，发现激素疗法的处方数量整体上增加了，但白人女性的处方数量是黑人女性的两倍，有私人医疗保险的女性是只有公费保险女性的8倍。这是因为制药公司瞄准的是白人女性吗？还是因为这个群体本身就更倾向于采取激素疗法？

　　一些历史学家和科学家于2004年举办了一个为期两天的会议，想探讨一下如果他们当初把激素疗法叫作"激素控制"，事情会不会变得不一样。但是，没有药品销售人员会把自己的产品称作某种"控制物"。20世纪头20年，人们用牛或羊体内的提取物来缓解女性绝经后的潮热和头疼症状。麦克艾里牌的小红蝶精华酒是当时出现的一种药物，据称每天服用三次就能缓解绝经症状，还能"改善生活质量"，它含有20%的酒精。20世纪四五十年代，提纯药物出现了。在罗伯特·威尔逊医生的《青春永驻》一书出版后，这类药物变得十分火爆。威尔逊认为女性服用雌激素不仅能缓解绝经症状，还能保持她们年轻时的身体功能。他在这本书里写道："没有女人可以逃过衰老，但如果能让身体继续得到雌激素的滋润，女性就能在绝经后延缓身体的快速老化，像男性一样保持相对年轻的状态。"威尔逊在书里没有提到的是，他创立的威尔逊基金是由三个制药公司赞助的，即女性口服避孕药制造商瑟尔制药公司、雌激素药物倍美力的制造商爱尔思特、黄体酮药物普罗维拉的制造商普强公司。他的书被当成了专业读物，但其实只是一个大型商业广告。

麦克艾里牌小红蝶精华酒能治疗月经不调（"月经不调"是
20 世纪早期对绝经的叫法），还能改善生活质量

史密森尼学会美国历史博物馆医药科学部供图

　　绝经药和避孕药的故事如出一辙，它们使用的是相同的激
素——雌激素与黄体酮，只不过绝经药物也被称为"激素替代疗
法"，又叫HRT。人们先是把避孕药和激素替代疗法视为女性健康
史上的巅峰成果，接着却因为担心它们的副作用而心生恐惧。这
两种药物都令人迷惑，因为它们的疗效都是无中生有，既不能预
防也不能治疗疾病。事实上，女性用药的目的是想在人生的两个
关键节点上拥有掌控力：防止意外怀孕和消除绝经症状。

　　美国食品药品监督管理局于1960年批准了避孕药的使用。它
是第一种因为社会需求而应用于健康人群的药物，也是唯一被称

为"那种药"的药物。避孕药的原理基于人们在几百年前观察到的现象：女性怀孕期间就不能再次怀孕了。所以，制药公司生产了一种药物，可以模拟怀孕时的激素分泌情况。人们对避孕药的热情在20世纪70年代开始冷却，因为这种药会增加脑卒中和心脏病的发病风险，还有其他糟糕的副作用，比如引发抑郁症和水肿。女性健康权益活动人士大肆宣扬这些副作用，要求制药公司开发小剂量的同类药物，并推动政府立法在药盒里放置提示药物风险的说明书。

同样是在20世纪70年代，科学家发现服用雌激素有导致子宫癌的风险，这让广大女性不知所措。她们只知道雌激素能让她们的身体状态保持平衡，却从未听说它有副作用。因此，激素替代疗法的处方量几乎下降了一半。1975年约有2 800万单，而临近1980年的时候就只有1 500万单了。但研究人员后来发现，在雌激素里添加黄体酮可以抵消子宫癌的患病概率。于是，销量又开始回升。

哈兹尔廷开始使用激素疗法的时候，雌激素再次受到了市场的欢迎。虽然没有多少医学证据，只有一些未完全证实的理论和猜想，但人们似乎达成了一种共识，那就是雌激素可以防止女性衰老并改善健康状况。一项叫作绝经后雌孕激素干预治疗（PEPI）的研究发现，使用雌激素的女性心脏明显更健康，胆固醇更低。另一个大型实验追踪了超过10万名护士的健康情况，发现服用雌激素的人患心脏疾病的概率更低。1992年，美国医师协会建议所有女性考虑长期使用激素，以减少心脏病（女性的第一大死因）

和阿尔茨海默病（人们最害怕的疾病）的发病率。很快，其他研究还发现，雌激素疗法能降低结肠癌的发病率。不过，也有坏消息，那就是有一个实验发现雌激素和乳腺癌相关，但这个信息被淹没在其他新闻之中。20世纪90年代，女性服用雌激素并不是为了减缓身体不适，而是觉得它们会对身体有长期的益处。激素疗法的处方量增加了一倍多，从1992年的3 650万单飙升至1999年的8 960万单，雌激素成为美国最流行的药物。

然而，激素替代疗法并不完美，不少医生都注意到研究数据不足的问题。因此，一群专家启动了世界上最大的有关激素疗法长期影响的研究——"妇女健康计划"。该研究在1993—1998年招募了超过27 000名女性受试者，她们被随机分成实验组和对照组。如果受试者做过子宫切除术，她们得到的就是雌激素，否则就是雌激素加黄体制剂。刚开始医生对激素疗法的效果非常自信，甚至觉得给受试者服用安慰剂是不道德的。

实验才进行到一半，数据就已经让人大跌眼镜了。1998年，一项小型研究发现，有心脏问题的女性如果服用雌激素，心脏病的发病率就会迅速上升。不过这只是诸多研究中的一个，大多数人还是等待着妇女健康计划之类的大型研究的结果。2002年7月，妇女健康计划被迫提前三年终止，因为研究人员发现服用雌激素的女性脑卒中的发病率显著上升，发生血栓和患乳腺癌的概率也更高。这些研究结果让广大女性十分震惊，也非常愤怒。她们认为所有针对绝经的激素药物都很危险，不但无效，还对身体有害。

然而，这项研究的目的不是检验雌激素和黄体酮能否减轻与绝经相关的症状，研究对象也不是即将绝经且有可能长期服用激素药物的女性，而是已经绝经很长时间的女性（受试者的平均年龄为63岁）。"妇女健康计划的目标和人们的解读完全不同。"约安·曼森医生说，"它真正的目的是评估雌激素疗法对心脏病和其他疾病的预防效果，并了解其中的利弊，而不是检验雌激素疗法的安全程度或者它对绝经症状的短期效果。任何推断，比如把研究结果应用于四五十岁的女性，都是对该研究的误解。"曼森医生是哈佛大学的教授，也是研究人员之一。耶鲁大学妇产科医生玛丽·简·明金指出，妇女健康计划中使用的普罗维拉（Provera）是一种黄体制剂，在20世纪90年代风靡一时。现在，医生更倾向于使用普罗米特瑞姆（Prometrium）这种天然的黄体酮，并且没有相关研究表明它会提高乳腺癌发病率。另外，妇女健康计划的研究范围仅限于药片，而雌激素还能通过贴片和凝胶的形式使用。

曼森解释说，事实的确和之前的期望相反，激素替代疗法并不能预防衰老性疾病。因此，激素也不应该用于预防疾病，而只应该用于治疗绝经。激素疗法的副作用让女性感到害怕，所以它的需求又下降了，雌激素药物的处方量下降了1/5，雌激素与黄体酮复合激素的处方量减少了将近一半。

妇女健康计划的最新结果于2017年9月发表，它表明是否服用雌激素对女性死亡率没有影响。曼森告诉路透社，这个消息应该可以让广大女性放心了。

对现在想使用激素疗法的女性来说，她们面对的选择多种多样：口服药片，贴片，放在子宫内的药物喷射装置。雌激素和黄体酮的剂量组合也非常丰富。此外，医院还提供复合激素，相当于为患者量身定制的激素疗法，特别针对极少数可能对药物原料（比如花生油）过敏或者无法吞咽药片的人。不过，从媒体宣传来看，它们更像是那种夫妻店里售卖的散养草饲肉类。

消费者最好擦亮眼睛。许多复合激素都是制药厂制造的，和其他药物一样。从20世纪90年代以来，定制激素产业一飞冲天，规模达到25亿美元。药物过敏也好，无法吞咽药片也罢，这些问题统统被解决了。现在，在所有因为绝经而使用雌激素的女性中，有将近1/3的人使用的是复合激素。

可是，两者之间存在一个关键的差别：由于法律上的漏洞，复合激素药物不受美国食品药品监督管理局的监管。在这种情况下，复合激素药物的质量有可能会出现问题，比如剂量过多或过少，甚至被污染。这些质疑并非空穴来风。2010年，一批英格兰制药公司生产的复合激素药物引发了750例霉菌性脑膜炎，其中有64例死亡。2013年，一位当时为《沐尔》女性杂志工作的记者分别在12个售卖复方激素的药店用同样的处方买药，发现不同药片的激素含量差异巨大。哈佛大学的曼森医生说，她见过因使用复合激素而罹患子宫癌的案例，她怀疑这是药物中的黄体酮含量不够造成的。

受美国食品药品监督管理局监管的药物必须有说明书，而复合激素则不需要。如果没有说明书解释副作用，这些药物就会给人无副作用的错误印象。品控差和说明不足的问题激起了社会组织的愤怒，其中包括内分泌协会、美国妇产科医师学会、美国生殖医学会和北美绝经医学会。

很快，与复合激素药物相关的法律出台了。根据2013年美国通过的《复方药品质量法案》，如果市场上已有专业制药公司在生产某些复合激素药品，那么药房就不能再出售同类产品。理由很简单，药房出售的往往是同类的低质量药品。这项法案还禁止药房出售包含美国食品药品监督管理局认定为不安全成分的药物，雌三醇就是其中一种未获得批准但在一些复合药物中出现的成分。另外，跨境大批量出售复合激素药物的药房必须向美国食品药品监督管理局报告其毒副作用。医生们也在继续努力说服药房在药盒里放置说明书。

复合药物审定理事会曾经出台了一些标准。但到2016年10月，在7 500个药房中，只有463个获得了认证。

风波过后，那些饱受潮热和失眠折磨的绝经女性应该何去何从呢？20世纪90年代出现了一大批研究，而我们现在的知识远比那时丰富。2017年7月，北美绝经医学会基于2012年的指导方案做了更新，出台了新版的指导方案。其中最大的改变是，女性不需要在特定年限之后停止激素治疗。之前的指导方案认为，女性应该在大约5年之后停止使用激素药物，但最近的证据表明没必要这样做。有些女性持续用药几十年也不会引发任何问题（比如罹患心脏病或乳腺癌）。对未做过子宫切除术的女性来说，雌激素或者雌激素与黄体酮的复合激素是缓解潮热症状和避免阴道干涩的最有效办法。有些女性尝试过大豆、草药或其他非激素的阴道润滑剂，但研究显示，它们的效果与安慰剂一样，并不显著。新版的指导方案还给出了替代药物，比如含有巴多昔芬的雌激素。这种药物会与雌激素受体结合，减少子宫癌的发病率。如果使用这种药物，就不必服用黄体酮了。

但没有人知道，这些专家会不会再一次改变他们的说法，这些药物是不是真像他们说的那样安全有效。

绝经药物的使用充分暴露了医学领域的不确定性。人们希望像弗里德曼和兰斯这样的医生能通过研究发现更多治疗雌激素偏低的方法，但新药物的发现往往意味着目前的药物会被淘汰。我不是说专家们出尔反尔（尽管看起来是这样），而是他们都在基于最新的信息和实验做出判断，这些数据也在不断更新。

为了减少公众的困惑，帮助他们找到正确的药物，北美绝经医学会开发了一款叫作 MenoPro 的手机软件。你可以把它下载到你的手机上，然后回答几个简单的问题，比如"你的症状是否严重？""你的年龄多大？"等，再在手机上点击几下，就能得到更多的信息，帮你判断下一步该怎么做。

哈兹尔廷对女性健康和绝经有足够多的了解，她不需要借助手机软件就知道自己该做什么。她认为自己是一个硬核的女权主义者，除了学术工作以外，她还是美国国立卫生研究院的负责人，并获得了美国妇女医学科学家奖。但她说："别人会因为自己的信仰而试图激怒你，但这不重要。我仔细查阅了资料，也知道其中的风险。不管你自己怎么想，但大部分人都认为做剖宫产或者子宫切除术是感情用事的表现，这让我很愤怒。女性运动的核心在于，当你的信息充足时，你就应该拥有足够多的选择。但事实上你没得选，每件事情你都应该以自然的方式去进行。很多人认为我是一个女权主义者，就该用顺产的方式生下孩子、用母乳喂养孩子，但这两件事情我都没有做。"

　　没有医生会建议你切除子宫，但哈兹尔廷的做法表明女性有权做她们认为正确的事情来应对绝经，只要她们能认识到其中的利弊。哈兹尔廷仔细研究了文献，并做出了清醒的决策。就像她说的那样："你可以运用自己的知识去做任何让你觉得舒服的事情。"

第 12 章

睾酮激素：永葆青春的灵药

有很多狗在耶鲁大学格蕾丝纽黑文医院的地下室里交配过。其中有的狗被阉割了，有的狗没有，还有的狗被注射了睾酮激素。这不是在拍什么猎奇电影，而是弗兰克·比奇医生在1947年夏天做的实验。

刚到耶鲁大学的时候，比奇的前途一片光明，事业处于上升期。1940年他获得了芝加哥大学的博士学位，之后在美国自然历史博物馆当研究员，并成立了动物行为研究部。1946年，他去了耶鲁大学。那里虽然给了他教授的头衔，却没有给他配备豪华的实验室，只给了他医院男厕所旁边的一个不通风的小房间。而且，比奇之所以能分到这个房间，是因为没人想用它。在实验犬到来之前，那个房间是清洁工吃饭的地方，但清洁工后来也不愿意在那里吃饭了，因为它充斥着厕所的气味。在实验犬到来之后，有人又开始抱怨那个房间闻起来像狗窝。

这个实验持续了20年，先后在两个大学进行（比奇于20世纪50年代末离开耶鲁大学去了加州大学伯克利分校当教授）。比奇自始至终紧盯着他的狗，观察它们的性行为和激素水平之间的关系，并为它们的性行为打分。1分是最低分，代表它们只是逢场作戏；8分是最高分，代表它们交配成功，并发生"锁配"（锁配是发生在犬类和南非毛皮海狮身上特有的现象。雄性动物阴茎末端的腺体在交配时会膨胀并卡在雌性动物的阴道内，把两只交配的动物锁住。交配完成后，生殖器官各部位缩小，阴茎才得以滑出）现象。

比奇的目的之一是搞清楚雄激素是否有助于提高性能力，从而给人类性行为带来启发。那时，睾酮被宣传成一种可恢复人类精力的药物，引起了很多争议，也让公众十分困惑。"是的，男子气概是靠化学方法实现的，睾酮就是阳刚之气的来源。"保尔·德克吕夫博士在他1945年出版的《雄激素》一书中这样介绍道。也有人抨击激素疗法纯粹是胡闹，1947年，著名科学作家奥尔顿·布莱克斯利在美联社发表了一篇文章《睾酮疗法对中年男性的帮助微弱》。

比奇发现，睾酮在大鼠身上的注射效果特别好，但在狗身上则不然。雄性大鼠注射睾酮后对雌性大鼠穷追不舍，相比之下，公狗有时甚至会拒绝母狗。这让比奇猜测，大脑结构越复杂，睾酮注射对动物性行为的影响越小。大鼠会被生殖腺分泌的激素支配，狗表现得不那么明显，人类受到的影响则更弱。"如果假设被

证实，"比奇在加拿大温哥华的西部心理协会会议上说，"这可能
意味着新脑皮质的复杂度和支配性越强，正如哺乳动物表现出的
那样，生殖激素对性行为的控制能力就越弱。"换句话说，那些标
榜能帮助中年男性增强性欲、塑造肌肉和恢复脑力的激素都很有
可能是无效的。

比奇认为，有关睾酮的争辩，即能否让老年男性恢复活力，
可能会在21世纪结束。但事实截然相反，这场辩论一直进行着，
甚至变得更加激烈。一名医生最近把保守派的同行称为"恐激素
人士"，还有内科医生把支持激素疗法的医生称为"内分泌犯罪分
子"。可怜的老年男性只能在他们的口水战里左右为难，不知道该
不该注射激素。

大家都清楚，男性成年后的睾酮水平比青春期低。从30岁开
始，男性的睾酮水平每年降低1%。因为降速很慢，就像自行车轮
胎漏气一样，所以直到车胎变瘪才会被发现。随着男性步入中年，
他们就像骑着车胎漏气的自行车，比年轻时要吃力得多。也许我
们可以把激素水平降低看成一个新稳态，就像从自行车竞速赛变
成了城市巡回赛。

真正的问题是，这些日渐衰老的男性需不需要因为激素水平
的降低而接受治疗？如果需要，激素疗法有效吗？安全吗？

睾酮的故事和雌激素的故事惊人地相似。我们回顾一下，雌
激素先被包装成永葆青春的灵药卖给女性，接着改头换面变成了
预防疾病的神药，最后长期研究发现雌激素疗法其实利弊难辨。
但是，睾酮的故事还没有结束。

1927年，芝加哥大学生理化学教授弗雷德·科克和医学院学生来缪尔·克莱德·麦吉从将近20千克的牛睾丸里提取出20毫克活性物质。他们不知道其中包含哪种特殊成分，但一滴这样的物质就能让被阉割的公鸡姿态挺拔，头冠火红。他们做的事情与阿诺德·贝特霍尔德在19世纪做的实验（在后院给公鸡互换睾丸）是一样的。只不过他们使用的是一种不明化学物质，而不是整个睾丸组织。科克和麦吉在大鼠和猪身上重复了实验结果。在《睾丸激素》一文中，科克及其同事T. F. 加拉格尔详细描述了这种活性物质的提取过程，但他们对该物质的命名有些迟疑。"我们认为，在进一步了解这种化学物质的本质之前，不应该给它随便取名字。"

1928年，德国科学家阿道夫·布特南特从男性尿液中分离出同样的物质，含量也很少——将近15 000升尿液才提取出14毫克。提取出这种物质虽然是科学进步，但距离药物治疗还很遥远。你得阉割好几个牧场的牛或者收集成千上万桶尿液，才能让一只被阉割的公鸡重振雄风。

这种神秘的激素最终由恩斯特·拉凯尔命名，拉凯尔是阿姆斯特丹大学的化学家，也是欧加农制药公司的创始人。他于1935年提纯这种激素，并将其命名为睾酮，意为从睾丸中提取的酮类物质。有些科学家不认可这个名字，认为它意味着这种物质只能从睾丸中提取，但事实上其他腺体也能分泌出这种物质。而且，它意味着这种激素只有男性才有，但其实女性体内也有少量雄激素（肾上腺和卵巢都会分泌雄激素，只是量要比男性少得多）。即便如此，这个名字还是被保留下来了，同时留下了人们对雄激素和雌激素的误解。

布朗大学人类学家安妮·福斯托-斯特林在她2000年出版的《定义性别》一书中再次提起睾酮的命名问题，她建议把"性激素"改为"生长激素"，因为这表达了性激素的实际作用。睾酮和雌激素不仅会影响卵巢、睾丸、阴道、阴茎的发育，还会影响肝脏、肌肉和骨骼的生长，它们的影响体现在身体的每个细胞上。福斯托-斯特林告诉《纽约时报》："因此，如果我们把它们叫作生长激素，就不会再有人担心男性的睾酮过多或者女性的雌激素过多的问题了。"

1935年，也就是睾酮被命名的那一年，两位科学家分别发现了制造这种激素的方法，这也成为实现量产的关键。布特南特就是其中之一，德国的先灵公司是他的赞助方，他的竞争对手利奥波德·鲁日奇卡的赞助商则是瑞士公司汽巴（现与另一家公司合并为诺华制药——译者注）。他们都在实验室修改了胆固醇的几个分子，使之转变成睾酮。胆固醇除了是众所周知的造成动脉堵塞的物质之外，还是身体合成各种激素的原材料。这项发现的意义十分重大，这两位科学家因此获得了1939年的诺贝尔化学奖。

自此以后，恢复男性的阳刚之气不再需要依靠剂量不明的动物腺体，也不需要依靠施泰纳赫的唬人的输精管结扎术。医生们可以量产睾酮了，就像《时代》杂志说的那样："（他们）能生产出全世界所需的治疗同性恋行为和让男性恢复活力的激素。"

只不过，睾酮根本没有这两项功效。让医生苦恼的是，睾酮并不能把男同性恋者变为异性恋者。施泰纳赫甚至将同性恋者的

20 世纪早期理想的阳刚形象，出自乔治·鲁埃和
德博内教授《创造纯种人类的艺术》（巴黎贝尔
热－莱夫罗尔出版社，1908）
纽约医学院图书馆供图

睾丸切除，再换上异性恋者的睾丸，但仍以失败告终。尽管睾酮
产量丰富，德克吕夫的书《雄激素》也帮忙宣传，但睾酮在20世
纪余下几十年里的销售一直不温不火。

有足够的研究可以证明睾酮对于患病或者睾丸受伤的男性疗
效显著。睾酮让本不可能经历青春期发育的小孩，或者因外伤导

致性功能减退的成年人的问题得到改善。20世纪中期的运动员也
使用了激素，它的效果似乎比安非他命好。安非他命是一种兴奋
剂，能让人迅速兴奋起来，随时调动全身的能量。但是，安非他
命不能像雄激素一样增加肌肉的质量。雄激素指包括睾酮在内的
一系列能够增强男性性特征的激素，国际奥林匹克委员会于1967
年开始禁止运动员使用药物，而雄激素直到1975年才被列入运动
员禁用药物名单。

　　为了扩大市场，不把销售对象局限于睾丸受损者和运动员，
制药公司既需要愿意开药的医生和愿意试药的病人，还需要能让
人接受的用药方式。20世纪中叶的医生对性感到拘谨，不愿意和
病人探讨性方面的问题，这使得他们失去了很多开药的机会。尽
管也有讨论如何让人回春的文章，但大部分的老年男性都认为这
是年龄增长带来的不可避免的问题，因而减少了对药物的需求。
此外，睾酮的用药方式只有注射，这又赶走了一大批潜在客户。

　　所有的障碍将随着21世纪的到来被一一清除。广告商投入了
几百万美元来洗脱"性欲低下"标签背后的耻辱感，易于服用的
凝胶也取代了针剂注射。凝胶于2000年进入市场，到2011年，使
用睾酮的美国男性增加了3倍，形成了一个价值20亿美元的市场。
大多数购买者都想像电视广告说的那样恢复强大的性能力，并且
保持身材苗条。

　　昂斯妥是最著名的睾酮凝胶之一，它的一则电视广告是：一
名身材匀称、留着一头棕色短发的帅哥驾驶着一辆海军蓝色的敞
篷跑车进入加油站，副驾驶座上是一名漂亮的年轻女性。帅哥下

车后看着镜头说："我睾酮水平低，千真万确。"

这句话的意图很明显。就连这么性感的男人都没有因为睾酮水平低而感到窘迫，其他人也无须为此感到尴尬。

接着，他说自己的性欲并未减退，却时常感到疲惫，而且喜怒无常。医生诊断他的睾酮水平过低，于是他开始使用昂斯妥。当他和他的爱人驾车来到乡间小路上时，旁白开始夸赞昂斯妥是多么容易使用，以及它如何提升了睾酮水平。根据法律要求，这则广告也详细地说明了该药的副作用。旁白快速历数了可能的风险，比如癌症和心脏病，以及家人误用（由于凝胶可能会因为拥抱而沾到别人身上，从而给伴侣和小孩带来不必要的激素刺激）。"如果发现小孩性早熟，或女性体毛发生变化，或长出大量痤疮等意外情况，请停止使用并抓紧就医。"在喜剧节目《科尔伯特报告》里，斯蒂芬·科尔伯特播放了一小段广告，然后称这种凝胶为"易传播的内分泌毒素"。

21世纪的睾酮制造商还把睾酮水平低的症状重新命名为"低睾"，相较于"男性绝经"或者"男性更年期"，这个名字听起来更俏皮。同一时期，制药公司欧加农设计了一套调查问卷，用于男性自测是否有低睾现象，以及是否需要治疗。圣路易斯大学的内分泌与老年病学家约翰·莫利医生说，他特意设计了一套措辞委婉的调查问卷，可识别出睾酮水平低的男性，但如果有人情绪抑郁或者极其劳累，也有可能被问卷误判为睾酮水平低。不管怎么说，这套问卷扩大了潜在客户的范围。莫利把这套问卷称为"A.D.A.M.问卷"，它既与世界上的第一个男性"亚当"同名，又是"年老男性雄激素不足"的缩写。问卷里的其中一个问题是："你是否在晚饭后感到劳累？"（这道题并未说明是在用完晚餐时觉得劳累，还是在上床睡觉时感到劳累。）如果回答"是"，就增加了"需要补充睾酮"的可能性。其他问题还包括："你是否感到悲伤或易怒？""你是否觉得自己的运动能力有所下降？""你是否觉得人生乐趣减少了？"

莫利后来承认这份调查问卷"设计得就像臭狗屎一样糟糕"，他是坐在马桶上用卫生纸当草稿纸写出来的。他后来终止了和制药公司的合作关系，并把设计问卷的收入——4万美元——都捐给了圣路易斯大学。

制药公司还使用了其他方法来增大顾客基数，比如把宣传软文包装成纪实新闻。在《美国医学会内科杂志》上的一篇文章里，自由作家斯蒂芬·布朗坦承，他受一名医生所托给消费类杂志写文章，做吹捧睾酮疗法的写手。作为回报，这名医生会得到制药公司的资助。"这些文章并没有说明作者受到了制药公司的资助，结果就是睾酮药物的市场显著扩大，因为读者觉得这些文章是客观、真实且没有受到操纵的。"布朗写道，他后来因为良心不安而不再做枪手。

所有这些招数——广告轰炸、所谓的"低睾"标签、刊登软文、糟糕的自测问卷——使睾酮药物的销量猛涨。得克萨斯大学奥斯汀分校的约翰·赫贝曼教授在《睾酮之梦》里写道："突然间，处方药的相关法规好像被施了魔咒，不起作用了。公众自愿为医药公司编织的梦想买单，而不顾法规或者官方的用药指南。"

美国食品药品监督管理局认为衰老导致的睾酮水平降低不是一种疾病。既然不是疾病，又何谈药物呢？管理局认为，只有疾病引发的激素水平降低才应该使用睾酮药物，比如垂体肿瘤。而且，他们将睾酮水平低的标准设定为，两次独立血液检测均少于每100毫升300纳克。此外，管理局还要求，不论剂型是凝胶还是药丸，所有睾酮药物都必须在说明书中提示有可能出现脑卒中、心脏病等致命风险。这得到了美国内分泌协会、美国男科医学会、国际男科医学会和欧洲泌尿协会的一致认同，欧洲泌尿医学会也做出了类似的规定。

不论美国食品药品监督管理局如何规定，医生仍然会给患者开具他们认为合适的药物。这种"超说明书用药"虽不违法，但也未被政府批准。尽管美国食品药品监督管理局要求在使用激素药物之前必须测量睾酮水平两次，但根据2016年的研究数据，使用睾酮药物的美国男性中有90%的人没有进行两次血液检测，有40%的人一次也没有检测过。在一篇名为《如何贩卖疾病》的文章中，达特茅斯学院的莉萨·施瓦茨和史蒂文·沃洛辛将"低睾"现象描述为"一次大规模的无对照实验，将男性置于无效治疗的副作用之下，而他们的疾病可能和睾酮水平毫无关系"。

以下是我们目前了解到的事实：

睾酮水平在早上8点达到峰值，一天之内不断波动，在晚上8点左右达到最低值。40岁以下的人睾酮水平波动更大，但也不意味着年老之后就不波动了。

对于因病（比如睾丸外伤、基因缺陷或垂体肿瘤）而低睾的人来说，睾酮可帮助恢复性欲和肌肉张力。

睾酮还能增加肌肉质量，这一点运动员早就知道了。

贝勒医学院生殖泌尿中心的助理教授亚历山大·帕斯图舍克说："任何用于代替或提高身体自产睾酮的外源性睾酮，都会关闭身体的性腺功能。"换句话说，外源性睾酮会使身体器官停止生产睾酮，睾丸释放的睾酮和精子会减少。（尽管如此，睾酮并不是一种可靠的避孕药。）

肥胖的男性比身材匀称的男性睾酮水平低。然而，没有证据证明睾酮可以降低脂肪含量。虽然有几项研究发现使用睾酮药物的人可能更容易减掉肚子上的脂肪，但这些人大多也在节食。

睾酮针剂和睾酮凝胶会增加血细胞的数量，所以，医生会鼓励使用睾酮药物的人献血。

以下是我们目前不知道答案的问题：

长期使用睾酮是否会影响心脏健康？目前的数据相互矛盾。《新英格兰医学期刊》于2010年发表了一篇文章，它指出使用睾酮药物的男性更有可能患心血管疾病。实验组里大约有一成的人出现了脑卒中或血栓的症状，而对照组中出现这些问题的概率约为1%。研究人员担心实验会产生无法预料的不良后果，于是终止了实验。这个研究团队接下来做了另一个实验，却得出了相反的结果，并于2015年发表在《美国医学会期刊》上。

大部分研究关注的都是睾酮水平低的情况。睾酮水平低的人在使用睾酮药物后效果显著，但对睾酮水平正常的人来说使用睾酮药物则基本上没有效果。"当男性的激素水平处于正常范围时，你基本上看不到提升。"夏兰德尔·巴辛说道。他是哈佛大学医学院的教授，也是男性健康研究项目的负责人，研究了几十年睾酮。巴辛认为，随着男性的睾酮水平从极低升高至正常范围的下限，精力和性欲的变化最为显著。他先对雄性大鼠进行阉割，导致它们对雌鼠完全失去兴趣。然后，他给被阉割的雄性大鼠注射睾酮，当它们的睾酮达到正常水平后，交配行为得以恢复。但接下来给雄性大鼠注射更多的睾酮，并没有增加它们对雌鼠的兴趣。

虽然有人声称睾酮可以提高认知能力，但这一说法缺乏事实依据。《美国医学会期刊》上刊载的一份2017年的研究报告指出，在针对因睾酮水平过低和衰老导致的认知问题上，持续进行一年的睾酮治疗和使用安慰剂相比并无优势可言。

最重要的是，我们不知道睾酮水平低的原因是什么。医生认为每100毫升300~1 000纳克是正常的睾酮水平。哈佛大学医学院的教授乔尔·芬克尔斯坦开展了一项研究，想找出睾酮水平低的确切数值是多少。有大约200名男性参加了这项实验，年龄从20岁到50岁不等。他们先服用药物清除了体内的睾酮和雌激素，然后补充不同剂量的药物。其中有些人补充的是安慰剂，有些人则每日补充1.25克、2.5克、5克、10克的睾酮。实验共持续了16周。芬克尔斯坦发现，不同的睾酮水平产生的症状也不一样。因此，很难确定什么数值才算睾酮水平低。

每个合成睾酮的实验室都有各自的睾酮水平测量方法，这让问题变得更加复杂。一家公司的测量结果是300纳克，另一家的测量结果可能是400纳克。激素准确测试联盟（PATH）由医生和研究人员组成，他们正在努力制定一套标准的激素测量方法。

过去，人们以为睾酮水平降低会引起雌激素增加，因为雌激素和睾酮是两种竞争激素。这个观念诞生于20世纪早期，受到输精管结扎术的倡导者尤金·施泰纳赫的影响。低睾治疗诊所流传着一种说法，性欲低下的男性腹部脂肪较多，这是雌激素水平过高造成的。一个令人震惊的研究结果推翻了这种观念：睾酮水平低的人雌激素水平也低。

但是，仍有许多医生认为男性应该注射睾酮，否则他们就要等上几十年，直到有完美的实验能够证明睾酮的效果。但是，一个70岁的老人还能等待多长时间呢？

贝勒医学院的泌尿学副教授莫希特·凯拉认为，既然医生可以在未测试雌激素水平的情况下用雌激素药物帮助绝经女性缓解潮热症状，他们也应该会给男性患者开睾酮药物。凯拉说："出于某些原因，我们居然认为不应该过多关注男性的生理症状，而把注意力放在数字上，这说不通。"凯拉还是两个睾酮制药商——艾伯维和利泊辛的顾问。

区别在于，雌激素已被证实对潮热症状有效，而现在还没有数据证明睾酮可以帮助普通男性增强性欲或减少脂肪。哈佛大学的芬克尔斯坦说："你不能在可能会伤害患者的情况下推荐药物。"

让芬克尔斯坦等医生愤怒不已的是有些医生吹嘘激素可延长寿命和提高生活质量的行为，内分泌学家多年前就知道了这种低劣的宣传招数。20世纪20年代已经有无良医生和江湖骗子兜售山羊、猴子的腺体。

在2016年9月召开的一个由美国抗衰老医学科学院赞助的会议上，罗恩·罗滕贝格医生宣扬了睾酮对年老男性的好处。罗滕贝格当时71岁，是加州健康寿命协会的医学负责人，该协会位于加州恩西尼塔斯。他使用激素药物让自己恢复活力，也给他的患者开这类药物。罗滕贝格身材矮小但充满活力，他在达拉斯凯悦酒店的舞台上来回踱步，台下挤满了医生听众，整个场面看上去就像牧师在给信徒布道。

"你们怎么定义缺乏症？"他问台下的听众。没等他们回答，他接着说："有个过时的概念是，如果激素含量就你的年纪来说正常，那你就是正常的。可是，对80岁的老年人来说，他们都得配眼镜来矫正视力。这是正常还是不正常？睾酮水平每年都会降低，直到降到零，人人如此，就像一部灾难电影。"

罗滕贝格抨击了医学院和媒体嘲讽低睾的说辞，过去几年里有太多的文章批评低睾。其他医生担心的都是服用睾酮可能带来的风险，而罗滕贝格则担心睾酮过低的危险。他认为，睾酮水平过低会增加心脏病的发病风险，这和其他医生的观点完全相反。他还声称，睾酮水平过低的男性罹患阿尔茨海默病的概率会增加，但没有数据能支持他的观点。

罗滕贝格和其他参会的医生一样，声称其目的是让患者的身体情况得以改善，而不是达到各种所谓的实验室标准。"我不会被实验室数据限制。假设它（睾酮水平）从300变为500，你的感受是什么？好就行。如果从300变成1 100，你也感觉很好，那也可以。我不会为达到某个具体的数字而纠结。"

会议后，一群医生围在罗滕贝格的讲台旁，他看起来就像《哈利·波特》图书签售会上的J. K. 罗琳。我也加入其中，并问了罗滕贝格一个问题：为什么这次激素会议上的内分泌学家这么少，而急诊科的医生却很多？

"急诊科医生啊，"他答道，"他们更有可能在了解事情的来龙去脉之前做决定，而不是迫切地想搞明白每个细节。"他还说，急诊科医生更愿意尝试。

和我参加过的其他医学会议相比，这次会议总让人觉得有些奇怪，但我说不出来是哪里。在茶歇时间，我去向罗比·米切尔医生请教，他既有医学博士学位又有哲学博士学位。他一针见血地指出，这次会议更像传销活动，而不是学术研讨。大多数医学会议都会留出讨论时间，因为医生们享受这种学术上的切磋和挑战。但这次会议只是一味宣教，没有给听众任何讨论的机会。米切尔认为这是一次市场活动，但"作为一个消费者，搞清楚什么有效或无效，是他们自己的责任"。

美国抗衰老医学科学院既没有得到美国医学会的认证，也没有得到美国医学专业委员会的认证。要获得内分泌学方面的认证，医生需要在住院医师培训完成后再进行两到三年的密集培训，然后参加考试。美国抗衰老医学科学院的一位发言人说，要通过他们的认证，医生需要完成4个部分的课程，包括：8小时的网络课程，修满100学分（通过参加科学院的培训完成），提交3个案例研究，以及完成一个笔试。最终获得的是新陈代谢与营养医学方面的认证，但也包括激素方面的内容。

在达拉斯的这次会议上，有一位医生问发言人，为什么要把时间和金钱花在不被医学机构认可的证书上。"起码你能把它挂在墙上，"他大笑着说，"病人愿意看到证书。"

在《贩卖青春之泉：抗衰老行业如何通过把衰老变成疾病，并从中牟利》一书里，阿尔林·温特劳布写道："这些制药公司利用这一代人对衰老的恐惧，打造了一个暴利行业。"我认为，害怕衰老的可能不只是这一代人，所有见证了激素疗法兴起的人都渴望永葆青春。

许多泌尿学家和内分泌学家都认为，虽然睾酮有可能遭到滥用，但真正有需要的人却没有机会使用。不过，在没有进行大规模检测的情况下，没有人知道激素水平低的人是不是真被忽略了。2015年，美国家庭医生医学会发表了两篇观点针锋相对的文章。家庭医生应该为患者做睾酮水平检测吗？乔治城大学的安德利安·福伯曼教授表示："睾酮检测会伴随睾酮治疗，这对大部分患者来说都没有必要。"而持另一种观点的密歇根大学的乔尔·海德堡博士说："医生在治疗患者时要小心，很显然，许多人的睾酮缺乏症没有得到有效的治疗。"医生应该为患者做实验室检测，并说明可能的风险和益处。

与此同时，5 000多名男性声称睾酮治疗给他们带来了心脏病、脑卒中或血栓，并因此起诉了整个行业。没有数据能够证明多少男性因为睾酮治疗而患病或死亡，毕竟这些疾病可能迟早都会发生。这些诉讼被整合在一起，在芝加哥进行了一次审理。这样，制药公司就不需要为几千例案件一一辩护了。2017年7月24日，联邦陪审团裁定，艾伯维应向一位俄勒冈男士偿付 1.5 亿美元。这位男士患了心脏病，他状告艾伯维公司没有告知他使用风险。

利用狗做交配实验的弗兰克·比奇怎么也不会想到，他的研究发现竟能催生出一个价值几十亿美元的行业。他于 1988 年去世，在此之前，他把研究领域从睾酮扩展到甲状腺素、肾上腺素，以及其他激素。他的动力在于解开内分泌系统的谜团，他因此成为行为内分泌学的先驱。

比奇长得像头熊，蓄着灰白色的胡须，肚腩微微凸起，衣着邋遢。他幽默、善交际，并且给人一种堪萨斯人特有的可靠感觉。他在读博士前教过高中英语。20 世纪 50 年代末的一天，他坐在耶鲁大学的办公室里，一个名叫彼得·克洛普弗的学生敲开了他的门。克洛普弗此前听说这里有一位杰出的研究人员，他想象这个人应该有着常春藤人的精英感，穿着斜纹呢子外套和卡其色裤子，坐在桃木色的办公桌旁。但当克洛普弗推开门时，他看到一个把腿搭在桌子上，背靠着座椅，穿着脏兮兮的 T 恤衫，正在大口喝着蓝带啤酒的人。"我当时简直目瞪口呆。"克洛普弗在几年后回忆道，比奇的办公室里贴满了各种动物勃起的阴茎，"他看起来就像纽约街头的流浪汉。"

比奇提议他们去一个本地酒吧，一边喝酒、吃比萨饼，一边聊天。"比奇是我见过的最聪明的人之一，"克洛普弗说，"他的外表和智商有天壤之别，我花了好几年才习惯。"克洛普弗现在是杜克大学的荣誉退休教授。

克洛普弗当时在生物系学习，但他常常后悔没调换到心理系，跟着比奇学习。不过，克洛普弗还是追随了比奇的脚步，投身于动物研究，他主要专注于母婴联结课题，并推动了催产素的发现。尽管比奇和克洛普弗的研究领域截然不同，但他们始终站在各自领域的最前沿，为学科的建立打下了坚实基础，并为内分泌医药行业的发展做出了重要贡献。

在比奇的实验狗中，一条叫作约翰·布罗德里·沃森的狗以100%的交配率一骑绝尘，也就是说，没有母狗拒绝它。但让比奇惊讶的是，它是5条公狗中最不强势的。

第 13 章

催产素：爱的感觉

普鲁登斯·霍尔医生在她儿子去酒吧之前给他注射了催产素（一种激素），后来酒吧里的女孩都围着他转——也许是被内分泌的神秘力量诱惑了。她的女儿在参加研究生考试前也注射了一些催产素，这让她感觉更放松，也更专注了。霍尔是"霍尔中心"的负责人，这是一个位于加州圣塔莫尼卡的健康诊所，专门向那些害怕社交、失去性欲或缺失爱的人出售催产素。她把催产素糖分发给她的宣传策划人和助手，在我们坐下谈话之前也给了我几颗。催产素糖看似半透明的鹅卵石，但味道像方糖。她解释说，把糖放到舌头下，有助于快速吸收，比网上售卖的鼻腔喷雾起效快。

霍尔医生学的是妇产科专业，但她把工作范围也扩展至男性群体。她有一头光滑柔亮的金发，言语温柔。我们见面的那天，她穿着紫色的束腰上衣，脖子上戴着长水晶项链。诊所用泰式柚木装修，沙发舒适惬意，橘黄色的墙上挂着自然风景照片。霍尔看起来像一位冥想师，诊所看起来则像水疗会所。

诊所里有一间商店，售卖各种草本药物，其中也有霍尔自创品牌的产品，叫作"身体软件"。粉色瓶子里的是"女性焕彩秘方"，绿色瓶子里的是"前列腺守护素"。除了这些，还有"元力肾上腺"和"超级肾上腺"这两种宣称能增强生命动力的药物。霍尔上过多个电视节目，比如《菲尔博士》和《奥普拉秀》，她还接受过穆罕默德·奥兹医生的采访。她的顾客不乏名人，比如苏珊·萨默斯和莎拉·弗格森。萨默斯是一名演员，也是节食书作者；弗格森是约克公爵夫人，之前是慧俪轻体公司美国地区发言人。

"你感觉到了吗？我的感觉比之前更强烈了。"霍尔医生边等催产素起效边说。接着，她靠过来对我说："我想看着你的眼睛。"

霍尔的宣传策划人说她也感觉到催产素起效了，不过我什么也没感觉到。

催产素是一种大脑激素，但别误以为它是安眠药羟考酮①。女性生产时，催产素会促进子宫收缩，将婴儿推出产道。之后，它会促进乳腺导管排出乳汁。化学合成的催产素能给子宫助力，加速分娩。可是，最近的研究对这种药物进行了商业包装，让它能更好地迎合市场需求。催产素据说能促进母婴之间和爱人之间的联结，也能促进勃起、性高潮、射精，还能提高读心能力。我不

---

① 羟考酮"oxycodone"与催产素"oxytocin"的英文拼写相似。——译者注

太清楚这些效果是否会一起产生，也不知道它们的顺序是什么。催产素据说还跟信任和同理心有关，有一个小型研究发现，它增强了以色列人和巴勒斯坦人之间的友谊。不过，坏消息是，大量的催产素研究（过去 10 年间至少有 3 500 项关于催产素对行为影响的研究）发现，催产素既和信任有关，也和怀疑有关；催产素既会增加爱，也会增加嫉妒；催产素在增强同理心的同时，也加剧了种族歧视。这些相互矛盾的研究可能会把催产素使用者的脑子烧坏。

催产素的作用于 1906 年被亨利·戴尔第一次发现。戴尔刚从大学毕业就被任命为伦敦惠尔康生理医学实验室的负责人，不过，年纪轻轻就被委以要职并不是没有条件的，即他不得不研究麦角这种真菌。对他来说，这简直是一种侮辱。"实话说，研究麦角对我来说毫无吸引力。"麦角是产婆用来加快产妇生产和治疗头疼的偏方。其他生理学家都在研究垂体、甲状腺、胰腺等腺体，它们才是真正能影响学术界的物质。

戴尔把麦角注射到各种动物体内，比如猫、狗、猴子、鸟、兔子和大鼠。他发现麦角使这些动物的血压升高，肌肉收缩。接着，他做了些调整，给这些动物注射麦角和肾上腺素的混合物，肾上腺素是促使身体做出"战或逃反应"的应激激素。结果表明麦角减缓了肾上腺素的释放，这些发现催生了第一代降压药[1]。

除了给大鼠和猴子注射催产偏方之外，戴尔还给一只怀孕的

---

[1]　戴尔因为在神经冲动的化学传导方面的研究而获得 1936 年诺贝尔化学奖。他的女婿托德获得了 1957 年诺贝尔化学奖。

猫注射了牛垂体。这种做法也许是受到了哈维·库欣的启发,库欣那时正在做巡回演讲,介绍垂体及其分泌的能改变生命的液体。科学家逐渐意识到,垂体前后叶分泌的化学物质完全不同。戴尔给猫注射的是垂体后叶,它居然让猫的子宫发生了收缩!在他长达43页的论文《麦角的一些生理特性的研究》中,戴尔并没有说明他为什么要从被阉割的公牛身上获取垂体,也没有解释他为什么要给怀孕的猫注射牛垂体,以及为什么要注射垂体后叶而不是前叶。

垂体及其分泌物是生理学家热衷讨论的话题。戴尔在论文里用一系列插图(共28张)描述了猫的子宫压力增加的情况。他简单总结了麦角的功能:"垂体对平滑肌纤维的某些部分施加了压力,而不是肾上腺素。"简单来说,就是垂体后叶分泌的某些物质使肌肉发生了收缩。①

戴尔的发现一直躲在期刊里,没有引起医学界的注意。它在很多方面都复现了阿诺德·贝特霍尔德1848年的公鸡睾丸实验。这两个实验都被遗忘了几十年,直到好奇的医生把它们从故纸堆中翻出来。贝利斯和斯塔林发现了贝特霍尔德高瞻远瞩的研究,并使激素的概念变得广为人知。而戴尔的研究直到1940年才被注意到,一个医学团队重复了他的实验,并证明注射垂体后叶能让怀孕动物的子宫收缩。他们还发现了这种物质与母乳的关系,在

---

① 戴尔的文章发表在《生理学期刊》上,他非常详细地描述了自己是如何善待实验动物的。他是1903年棕色猎犬事件中负责处理实验狗的助手,所以他在介绍新实验的时候特别谨慎。

1948年的一封寄给《大英医学期刊》的信中提到了这个发现，记述了母乳如何伴随着宫缩从产妇的乳头上滴下来。促使母乳分泌和子宫收缩的化学物质是不是同一种呢？的确如此。这种神秘的垂体激素最终于1953年被分离出来，美国科学家文森特·迪维尼奥因此获得1955年的诺贝尔化学奖。这种物质被命名为"催产素"，其希腊语意为"快速生产"。

催产素的分离催生了很多研究其本质的实验。它在大脑深处的一种杏仁大小的腺体——下丘脑中合成，然后传输到垂体后叶，由垂体前叶释放催产素。

大约同一时间，另一组科学家研究了母婴联结的化学本质。这个话题看似和催产素研究无关，但它们很快就会找到共通之处。研究母爱的科学家想知道，到底是什么原因促使母亲愿意哺育和保护新生儿。是婴儿的气味吗？是婴儿的第一声啼哭吗？还是因为婴儿长得像自己，或激素使然？

新近的动物研究表明，母爱的建立是有窗口期的。彼得·克洛普弗在山羊身上做了实验，发现如果在母羊生产后立即把小羊抱走，5分钟后再送回，母羊就会拒绝与小羊亲近。母羊会把小羊当成陌生动物看待，用头把小羊顶开，不让它接触自己的乳头。同样的现象也出现在大鼠身上，如果把刚生产的母鼠和幼鼠分开几分钟后再放到一起，母鼠也不认幼鼠。这说明可能有激素在控制母婴之间的感情，并且这种激素会在生产时激增，然后迅速下降。克洛普弗阅读了一些关于催产素的文章，了解到这种激素会在怀孕期间猛增，并促进子宫收缩和乳汁分泌。生产后，催产素又会迅速分解，这意味着催产素在血液中的含量先会骤升，然后显著下降。那么，这和建立母婴情感联结的激素是不是同一种呢？

克洛普弗做山羊实验的时间是在20世纪50年代，他当时正在读研究生，并在纽黑文郊外的一个农场工作。他受够了待在畜棚里伺机从母羊身边偷走小羊的生活，于是，他购买了一群怀孕的母羊，把它们养在一所租来的房子里。他在客厅的地上铺上草皮，把客厅变成了一个可以观察母羊的临时畜棚。直到有一天，房东突然到来，被客厅里的装饰和吵吵嚷嚷的母羊吓得目瞪口呆。

不久后，克洛普弗就离开耶鲁大学去杜克大学当教授了。他在北卡罗来纳州买了一所带后院的房子，足以放下他所有的实验动物。在机缘巧合之下，克洛普弗雇用了杜克大学毕业生科尔特·佩德森帮他粉刷房屋。为了申请医学院，佩德森做过很多奇怪的工作。他们俩聊起了山羊，还有母婴之间的关系。克洛普弗告诉佩德森，他觉得催产素和母婴联结可能有关。后来，佩德森问克洛普弗能不能加入他的实验室跟他一起工作。就这样，一段持续了几十年的科学合作关系由此缔结。

有一种现象会在生产时（并且只在生产时）发生，那就是子宫和阴道会以惊人的比例扩张，并刺激催产素的释放。佩德森设计了一种形似气球的阴道扩张装置，用于促进未孕母羊释放催产素，并观察这能否让它们和羊羔之间建立起情感联结。一般来说，未孕母羊会拒绝陌生羊羔的亲近。

实验成功了。两只从未交配过的母羊在使用了"气球"装置后，开始用鼻尖抚触羊羔，甚至允许羊羔吸吮它们的乳头。相较之下，没有使用气球装置的母羊仍对羊羔保持距离。这个研究在佩德森去医学院就读之前就做完了，不过结果没有公开发表。几年后，他们的研究结果被剑桥大学的一个研究团队证实了，并发表在《科学》杂志上。在10只使用了阴道扩张装置的母羊中，有8只舔舐或用鼻子抚触陌生羊羔；而在另外10只没有使用阴道扩张装置的母羊中，有8只用头顶开陌生羊羔。为了模拟母羊怀孕时的激素水平，研究人员还给未孕母羊注射了雌激素和黄体酮。他们发现，这些激素也能促进母羊与羊羔的感情，但效果比不上催产素。雌激素和黄体酮得过几个小时后才能生效，并且只对大概半数的母羊有效果。"阴道扩张促进母性产生的机制目前还不清楚"，研究者在文章里总结道，"但这个现象的发生意味着催产素可能在其中产生了作用，因为给大鼠的脑室直接注射催产素可以激发出其母性行为。"换句话说，有新的证据证明催产素可以巩固母婴关系。后来，佩德森继续进行催产素实验，并成为北卡罗来纳大学的精神和神经生物学教授，以及一名催产素专家。

完成医学院的学习之后，佩德森做了一个就连克洛普弗都觉得"很天才"的实验。克洛普弗把催产素注射到公鼠和母鼠体内，但没有任何效果，他觉得这种激素在进入大脑之前就被分解了。"佩德森解决了这个问题。"克洛普弗说。佩德森在未孕母羊的侧脑室注射了微量催产素，这个部位在下丘脑旁边，是产生催产素的地方。未孕母羊本应排斥羊羔，但注射了催产素的未孕母羊却开始舔舐羊羔，并用鼻子抚触它们，甚至把乳头露出给羊羔，就像要给它们哺乳一样。其他科学家的研究进一步发现，干扰孕期大鼠的催产素通路可以抑制其产后的母性行为：母鼠不会尝试哺育幼鼠，甚至很不耐烦地把幼鼠推开。

一只没有催产素的母羊用头把它的孩子顶开
彼得·克洛普弗供图

有些研究探索了催产素在与爱或哺育相关的其他行为中的作用。不少实验都发现，给雌鼠的大脑注射催产素能促使它们更频繁地采取交配姿势：屁股向上撅。相比之下，没有注射催产素的雌鼠则保持冷淡。注射了催产素的雄鼠会进行更多的嗅闻和自我清洁行为，但并没有加速射精。研究人员认为，催产素可能会增强社交行为，但不会增强性行为。有些研究发现催产素能提升气味感受器的敏感性，增加母鼠对幼鼠的气味感知。这些研究进一步启发了另一群研究者探索三种不同田鼠的行为差异。草原田鼠在第一次交配后会结成终身伴侣，它们会生育下一代，互相清洁身体，并公平分担喂养后代的责任。但它们的表亲草地田鼠和山地田鼠就不一样了，它们会与不同的异性多次交配，永远不愿安定下来。金赛研究所的负责人休·卡特发现，草原田鼠在交配后催产素水平会骤升，而它的两类表亲则不会。这说明催产素也许是影响"白头偕老"或"风流成性"的关键因素。不过，让人大跌眼镜的是，看起来忠诚的草原田鼠其实并不安分：虽然它们共同养育后代，但对伴侣也不忠心。卡特对草原田鼠做了DNA检测，发现雄鼠不仅有很多"婚生子"，也有不少"私生子"。

有些研究探索了催产素如何影响肌肉收缩。1987年，斯坦福大学的研究人员招募了20名愿意边抽血边自慰的受试者，包括12名女性和8名男性。结果表明，催产素在受试者达到性高潮时处于峰值。但很难说是催产素引发了性高潮，还是性高潮促进了催产素的大量释放。

这些发现对人类来说意味着什么？它们对我们的感受和思维有什么影响？1990年，卡特比较研究了20名用母乳喂养婴儿的母亲和20名不用母乳喂养婴儿的母亲。不出所料，用母乳喂养婴儿的母亲体内的催产素水平更高，内心也更平静。卡特猜测，也许是催产素让她们产生了平静的感觉，去面对哺乳期的单调生活。其他研究发现催产素能让人的自我感觉更好，不管是在性高潮时还是哺乳时。

一个关于信托投资的实验十分吸引眼球，并成功把催产素送上了头条新闻。志愿者被随机分为两人一组，其中一人扮演"投资人"的角色，另一人为"托管人"。每个玩家都会收到12个单位的游戏资金，投资人可以以4个、8个或12个单位的形式委托给托管人。不论托管人收到多少资金，他的资金总量都将增加3倍。如果托管人收到了12个单位的资金，那么他的资金总量将变成48个单位（12个单位的3倍是36个，再加上游戏刚开始时获得的12个单位，一共是48个单位）。接着，托管人可以返还给投资人任意数额的资金，或者一毛不拔。这个游戏可能有4种结果：第一，两个玩家都能获得比一开始更多的资金；第二，只有投资人获得的资金多于初始资金；第三，只有托管人获得的资金多于初始资金；第四，双方都只拿到了初始的12个单位的资金。研究团队里既有瑞士人也有美国人，他们认为，如果投资人完全不信任托管人，那么投资人一分钱也不会给托管人；如果投资人完全信任托管人，那么他会把12个单位的资金都给托管人，并相信对方会在还回12个单位的投资的基础上，再回报一些钱。结果表明，在受试者吸入了催产素后，他们更有可能进行大笔投资。这项实验的结果发表在了2005年的《自然》杂志上。

这个嗅闻催产素能增加信任感的研究发现登上了欧洲和美国报纸的头条，并催生了一个新行业。于是，催产素被冠以"道德分子"的称号，还被制成一种叫作"液体信任"的衣物喷雾，跟海量的自助书籍摆放在一起。一个有关催产素能增强信任的TED（技术、娱乐、设计）演讲至今已有150万次的点击量，演讲者兼研究员保罗·扎克博士声称，高信任度的国家更繁荣，所以了解信任行为的原理有助于消除贫困。扎克是克莱蒙特大学的教授，有一头金发和一身健硕的肌肉，英俊潇洒，也十分幽默。"它真的是道德分子吗？"扎克在 TED 演讲上自问自答道，"我们的实验发现它可以让人变得更慷慨，能增加 50% 的捐款。"接着，他一边走向观众，一边喷射催产素喷雾。

扎克曾经发博文说，催产素"让我们更在乎自己的另一半和子女，还有宠物。但有一点很奇怪，即当我们的大脑释放催产素时，我们会与陌生人产生共鸣，并用实际行动去关心他们，比如捐款"。

事实上，催产素也许不能起到人们期望的作用。在信托投资实验中，29 名志愿者中只有 6 名交出了所有的游戏初始资金。扎克的同事认为这个结果很有趣，但不足以得出结论。"研究结果没有得到复现，也有可能是因为新研究的方法有问题。"苏黎世大学的厄恩斯特·费尔告诉《亚特兰大日报》的记者，他是信托投资实验的研究者之一。"我们面临的问题是证据不足，"他说，"因为我们目前无法复现原始实验的结果。在研究结果未能得到可靠的复现之前，我们应该对催产素增加信任感的说法保持谨慎。"有的研究发现，鼻喷催产素与爱和信任相关，这得到了媒体的广泛关注。也有的研究获得了相反的发现：催产素降低了信任，而加剧了种族歧视。这些矛盾之处可以用一个假设来解释，即催产素并非简单地提升"好"的感觉，而是强化当前的情感，不管是好是坏。

"这个故事就这样变得连贯起来，让草原田鼠厮守终身的激素居然也能促进泌乳和生产，还能让你捐给陌生人更多钱。"沃顿商学院的市场营销学助理教授吉迪恩·内夫说道，"如果你有很多信息点，你总能找到一条线把它们串联成一个好故事，哪怕它只是你的想象。所以，媒体编了一个好故事，并且很好地宣传了它。"

内夫对这个实验做了一些研究，他虽不是激素专家，但他是统计学家。他认为这个实验的样本规模太小，数据偏差太大，没法证明任何事情。既然大多数人都无法复现这一实验的结果，就说明它很可能只是偶然或巧合。更重要的是，内夫打开抽屉，里面全是未发表的证明催产素对行为没有影响的研究。专业期刊编辑（以及给媒体撰写科学故事的记者）都更青睐"阳性"结果，都希望能"发现"点儿什么。然而，正是这些什么都没有发现的研究给现实世界提供了客观的描述。

把研究偏差先放在一边，虽然目前的数据表明催产素好像对人类行为没有什么影响，但这也许只是因为我们还没发现。谨慎的内分泌学家认为有些实验结果被过分夸大了，这场辩论似乎再现了100年前的场景。哈维·库欣在他的一次垂体演讲后，收到了一封信。"我们珍视的内分泌事业出现了令人恶心的糜烂之处，着实令人痛心。这一方面是因为大众的无知，另一方面则是因为商业的贪婪。"加州大学旧金山分校内分泌腺诊所的汉斯·利瑟医生写道，"内分泌学正在变成人们的笑料和一门肮脏的生意。诚实勇敢的人是时候站出来说真话了。"埃默里大学催产素与社会认知研究中心的拉里·扬认为，现在和那时候没什么两样，很多对人们有益的东西被混入了垃圾。在读过利瑟给库欣写的信后，拉里·扬说这就是"催产素研究的糜烂之处"。

拉里·扬是神经学家中的核心人物，纽约大学的罗伯特·弗洛姆可也是，他们通过精准定位大脑中的催产素受体来了解催产素的作用。弗洛姆可的研究建立在拉里·扬的研究基础之上，即哺乳期女性的催产素水平会因为听到婴儿的啼哭而上升。"从神经科学的角度看，婴儿的啼哭声传入母亲的大脑，由听觉神经中枢负责分析和处理。"弗洛姆可在左侧听觉中枢中找到比右侧更多的受体，并发现左侧听觉中枢受体受阻的大鼠不像受体未受阻的大鼠那样对啼哭做出反应。和他的许多同事一样，他认为催产素不会促进母婴联结，而只是强化进入大脑的信息，"这些物质增加了信号的强度"。他解释道："每个人都在飞机上听过婴儿哭，但反应不一。有些人会觉得很恼火，但也有女性会在听到哭声后开始泌乳。这从生理学上讲，着实不可思议。"换句话说，催产素会增强既有的情感。

弗洛姆可关注的是听觉方面的影响，其他科学家则在研究社会反应，试图通过搞清楚催产素的原理开发出对身体有益的药物。有的研究发现催产素可以增强社会能力，并测试它对自闭症和精神分裂症的治疗效果。目前的研究结果不一。其中的一个关键问题在于，研究者不能直接给人脑注射催产素，哪怕做实验也不行。另外，也没有研究能够证明鼻喷催产素可以提高大脑的激素水平。"它可能有用，但现在下结论为时尚早，人们对鼻腔通路太乐观了。"拉里·扬说，"也许它没有副作用，但我认为现在还不到乐观的时候。即使报纸上说的是真的，鼻喷催产素的效果也不大。我无法想象，你出门前用鼻子吸一下催产素，回家后再吸一下，就可以提高你的身体机能。"

他补充说:"不过,就算早期的实验有漏洞,我们也不应该因此放弃所有的研究。"他相信,在我们完全搞清楚催产素的原理之后,我们就有可能找到治疗自闭症或精神分裂症的新疗法。他也警告说:"虽然医生可以使用催产素,父母也不惜一切代价要为他们的孩子获得这种物质,但美国食品药品监督管理局还未批准它的使用。"

现在的问题不在于催产素是否会对生育、性和日常行为产生影响,因为这个问题的答案是肯定的。我们——潜在的消费者、科学家、记者——想要得到更详细的答案。我们要在实验的海洋里找出货真价实的珍珠。它们将帮助未来的研究者找到方向,弄清楚催产素到底有什么影响,以及如何让它发挥出更大的潜力。"他们说的某些事情可能是真的,比如,催产素与爱、性有关,能减缓焦虑和压力。"佩德森说,"但要把它变成药物,我们还有很长很艰难的路要走。"

普鲁登斯·霍尔医生并不担心关于催产素的负面消息。她说自己不是研究人员,而是医生,她知道这种激素对自己的病人是否有效。她不关心数据对进入大脑的激素剂量是如何描述的,她见过自己制造的催产素糖丸的效果。等我们聊完,霍尔医生拥抱了我,她的策划人拥抱了我,她的助手也拥抱了我。在我离开时,霍尔补充说:"拥抱也能促进催产素分泌。"

第 14 章

蜕变：跨性别者的选择

在更年期即将到来时，梅尔·怀默尔开始服用睾酮。结果，她和她的儿子一起经历了青春期的生理变化。她的儿子比她先一步长出喉结和变声。"然后，我也变声了。"梅尔说。

梅尔离婚快 10 年了，她决定改变自己的外表。"和孩子们一起坐下后，我拿出自己小时候的相册。我说：'你们知道，我和别的妈妈不一样，我跟其他女性约过会，你们也见过我把头发剪短的样子。我觉得自己体内藏着一个男人，现在我要把他释放出来。'"

梅尔买了男性的衣服，把发型改成男士的短发，还把胸部包裹住，让它看起来平坦一些。"我做的第一件事就是把我的胸部裹紧。当我把胸罩丢掉，抹掉我女性的一面时，我感觉轻松极了。"

她有两个孩子，一个 12 岁，一个 15 岁，他们都很支持梅尔的做法。但梅尔说，两个孩子根本不知道变性意味着什么，其实她自己也不清楚。和其他跨性别者一样，她坚信自己的女性身体构造和内心的真实感受并不一样。这和性取向不同，性取向是一种渴望。跨性别群体常说，性取向是你想和谁上床，而性别身份是你在上床前觉得自己是谁。

一项全球性调查的结果显示，世界上有0.3%~0.6%的人认为自己是跨性别者。美国2016年的一项问卷调查也得出了类似的结果，即约有140万美国成年人是跨性别者。这个数字还不包括那些不敢承认自己是跨性别者的人。因此，出台了反歧视法律地区的跨性别者的比例比其他地区高是正常的。

这些数据和一些媒体报道（与跨性别者有关的文章、书籍、纪录片和电视节目）可能会让人们觉得跨性别是21世纪才出现的新鲜事物。但事实上，几个世纪以前就有人觉得自己存在于错误的性别和错误的身体里。以前变性往往只是改名字和换衣服，但20世纪早期兴起的美容手术使人们可以通过手术改变或移除不想要的器官。比如，从1930年开始，丹麦画家莉莉·埃尔贝就踏上了变性手术之路：先是切除男性生殖器官，接着将阴茎重塑成阴道，最后植入卵巢和子宫。①现在和过去最大的不同是，激素疗法可以安全地完成样貌的改变，这应归功于1935年睾酮的问世和1938年合成雌激素的产生。

1952年12月1日，纽约《每日新闻》报道了克里斯蒂娜·乔根

---

① 埃尔贝于1931年9月在阴道再造和子宫移植的手术中去世。

**克里斯蒂娜·乔根森，1953 年 11 月 4 日。原来的字样是："演员
克里斯蒂娜·乔根森第一次穿泳衣拍照。"**
贝特曼图片库/盖蒂图片社

森的故事。她以前叫乔治·乔根森，26 岁，纽约市人。她曾是一名
军人，性格内向，后来依靠手术和激素实现了变性。报纸头条对
这件事进行了报道，标题是"前美国大兵变成美国大妞"。文章的
下半部分是两张照片，一张上面的克里斯蒂娜留着玛丽莲·梦露式
的短发，另一张则留着板寸，斜戴着军帽。克里斯蒂娜·乔根森就

是20世纪50年代的凯特琳·詹纳[①]，她不是唯一一个做变性手术的人，但她是最受瞩目的那一个。

在做变性手术的几年前，乔根森考虑过进行精神分析。受到保罗·德克吕夫的畅销书《雄激素》的影响，他也想过使用睾酮药物。但是，乔根森认为这并不能改变自己内心深处女性的一面。这本书的主要目的是向男性推销睾酮，让他们重获阳刚之气，但乔根森想要的完全相反：化学的魔法能帮助他变成女性吗？

尽管雌激素药物需要凭处方才能得到，但乔根森从一个药剂师那里骗来了足够的剂量。他谎称自己是医务助理，正在接受培训（这是事实），需要100片雌激素药物做动物实验（这是谎言）。雌激素药物的说明书上写着"未咨询医生建议，不得使用"的字样，但乔根森每晚都服用一片。服药后的第一周，乔根森觉得他的胸部变得柔软了，心情也比以前更轻松了，这可能只是因为他更开心了，而不是药物的作用。乔根森几年后在一部自传里讲述了这段经历。

乔根森在新泽西找到了一位富有同情心的医生，医生愿意帮他开处方，并检测药物的效果。在乔根森服用雌激素大约一年后，医生告诉他瑞典有医生能做变性手术。于是，乔根森启程去往欧洲，他想在到瑞典之前和在丹麦的父母待一段时间。后来，乔根森遇到一位丹麦医生克里斯蒂安·汉堡愿意免费为他做变性手术。（因为手术是临床试验性质的，政府可以提供资助，乔根森的父母

[①] 凯特琳·詹纳，美国电视名人，前田径运动员，跨性别者，获得过1976年蒙特利尔奥运会的男子十项全能冠军，曾用名威廉·詹纳。——译者注

也同意了。）

　　1951 年 9 月 24 日，乔根森先是完成了移除睾丸、将阴茎再造成阴道的手术。三个月后，变性手术全部完成。这条新闻引爆了美国媒体。

　　《芝加哥每日论坛报》的头条报道说，乔根森的父母收到了儿子的一封信，告诉他们"手术和药物注射是如何把他变成一个正常的女人的"。《奥斯丁政治家》刊登了关于乔根森的访谈。记者问乔根森的爱好偏男性化还是女性化："我的意思是，比起球类运动，你是不是对针线活更感兴趣？"乔根森答道："对于任何正常女性感兴趣的事情，我都感兴趣。"

　　乔根森回国后变成了媒体追逐的红人，还在夜总会当起了艺人。据她自己说，她既不会唱歌也不会跳舞，但"在不到一年的时间里，我似乎从一个洛杉矶的废物变成了世界知名夜总会的红人"。许多美国人都读过和她有关的文章，也看过她的表演。从此，雪片般的信件飞向了丹麦的汉堡医生，他又把哈里·本杰明医生引荐给想做变性手术的美国人。本杰明是研究性别与性行为的内分泌学家，在纽约和旧金山都有办公室。

　　本杰明后来出版了一本里程碑似的著作，叫作《跨性别现象》。这本书让更多人知道，跨性别是生理原因造成的，而不是以前人们认为的心理创伤或错误的养育方式导致的。本杰明还为乔根森的自传写了推荐序，说乔根森拥有健康的家庭，她的父母也为她树立了正确的榜样。本杰明解释说，关于性别的自我感觉是从婴儿大脑开始发育时就出现的。其中的具体原因尚不清楚，但他说:"这足以让精神分析学家信奉的儿童制约不再具有决定性别的关键作用。"他还阐明了跨性别和异装癖之间的区别:跨性别是想转换自己的性别,而异装癖则是想装扮成异性的样子,但并不想改变性别。本杰明向他的许多想做变性手术的病人推荐了约翰斯·霍普金斯医院给间性患儿做过手术的团队。霍华德·琼斯就在那里当妇产科医生,他觉得如果欧洲的医生能给患者做变性手术,他也能做。

琼斯将变性手术视为一个挑战,他想完善手术步骤,创建教材上尚未出现过的操作流程。他相信,约翰斯·霍普金斯医院的医生团队完全可以满足跨性别者的需要,团队里包括内分泌专家、心理学家、泌尿学家和美容整形医生。更重要的是,这些专家曾为治疗外生殖器不明的患儿进行过良好的合作。约翰斯·霍普金斯医院性别身份诊所于1966年正式成立,是医疗体系内的第一个跨性别诊所(他们在20世纪50年代诊疗过一些跨性别患者)。约翰斯·霍普金斯医院的医生团队认为,只有患者跨性别着装超过两年,并通过心理评估,才能进行手术和激素治疗。这些条件并不是根据科学证据设定的,而只是一些专家的经验假设。

琼斯回忆说,他的妻子乔治安娜和他一样对变性手术充满热情,但也担心会有人反对他们的做法。她过虑了,诊所并不像他们想的那么受欢迎(不过,14年后,当琼斯夫妇在弗吉尼亚诺福克开设美国第一家试管婴儿诊所时,抗议者却把门口堵得严严实实的)。

受到约翰·莫尼包容的性别观念的吸引,许多觉得自己生错了性别的人都去了巴尔的摩。约翰·莫尼也是约翰斯·霍普金斯团队中的一员，他认为性别形成的原因有 7 个，其中不仅包括染色体和生殖器的外观，还包括个体的行为和自我感知。但同时，越来越多的患者告诉他，他们本来的性别和父母养育他们的方式并不一致，这击垮了莫尼的理论核心，即性别身份在婴儿 18 个月大之前是可以改变的，而这曾是医生为间性患儿做手术的主要动因。

现在，科学家通过动物实验发现，胎儿在母体子宫内的大脑发育对性别身份形成的影响至关重要。1959 年的一项实验发现，如果给怀孕雌鼠注射睾酮，它们产下的雌性幼鼠就有可能出现外生殖器不明的现象，并会像雄鼠一样试图追逐雌鼠。令研究者震惊的是，如果减少睾酮的注射量，并给怀孕雌鼠注射雌激素和黄体酮，它们生下来的雌性幼鼠也会追逐雌鼠。这证明大脑的内部构造不会因激素治疗而发生改变。

不过，这个实验（以及后来与交配行为相关的实验）探索的内容和性别身份认同相差甚远。"包括科学家在内，人们常常讨论动物的社会性别，但我们不可能真正知道这对它们来说意味着什么。我们知道的只有生理性别。"莱斯莉·亨德森说，她是达特茅斯盖泽尔医学院的生理学与神经生物学教授。科学家知道，动物性行为不仅与生殖行为相关，还与攻击和占有行为有关。有时，性只是换取食物的一种方式。因此，亨德森补充说，我们在根据这些行为做出"性取向"和"性别身份认同"的推论时，必须格外谨慎。

针对大鼠的进一步研究发现，雄鼠与雌鼠下丘脑附近的某些组织尺寸不一致[①]。人类杏仁体附近有一团叫作终纹床核的细胞，男性的终纹床核的尺寸是女性的两倍，下丘脑附近的另一区域——间位核亦如此。这些差异的成因及其影响还不得而知。亨德森说，尺寸不能代表一切："也可能有其他原因会产生影响，比如神经递质或神经连接的数量等。"

有几项研究检测了变性人的大脑，想知道他们的性选择究竟取决于性别身份认同，还是解剖学意义上的外表器官。换句话说，就是梅尔的大脑看起来更像男性还是更像女性？大多数这类研究的规模都不大，证据也不翔实。

"在我看来，显然有某个生理组织在控制这一切。"乔舒亚·塞弗说道，他是波士顿大学变性医疗研究小组的负责人。"但是，具体是什么情况，我们根本不知道。也许先进的磁共振成像能发现大脑之间的一些区别，但就算你把大脑扫描图像给专家看，他们也分辨不出哪个是变性人的大脑。这就像区分男性和女性的大脑图像一样难。"他补充道。

认为自己生错了性别的想法可能是由很多原因造成的，其中包括激素、基因，也许还包括后天的环境因素。此外，每个个体想变性的原因可能都不一样。

梅尔小时候想当个男孩，喜欢穿男生的衣服，不喜欢穿短裙，更不喜欢穿百褶裙。梅尔的母亲并没有反对，甚至为她亲手缝制

---

① 举个例子，雄性大鼠的视前内侧区域比雌鼠大，但前腹侧室旁核的尺寸比雌鼠小。而对家鼠来说，雌雄的视前内侧区域的尺寸一致。可见，就连大鼠和家鼠的大脑构造都不一样，那大鼠的研究结果就更难应用到人类身上了。

衬衫和长裤，让梅尔穿着它们去上学，但她要求梅尔在拍照片时要穿裙子。梅尔的家人觉得她是个假小子，但总有一天会回归女性的一面。

梅尔读高中时想融入同学的圈子，所以她留长了头发，把自己打扮成平常女孩的样子。"表面上看，我很合群，开心而且自信。但是，我的内心并不是这样。"在亚利桑那大学，梅尔遇到了一个男人，后来成为她的丈夫。"我觉得自己完全被他吸引了。"她说。他们毕业后维持了一段时间的异地恋，并于1989年结婚。

1999年，梅尔觉得她之所以越来越不快乐，原因就在于她是个女同性恋者。于是，她和她的丈夫于2000年离婚，但他们仍然像朋友一样保持联系，共同抚养孩子（那时孩子刚学会走路）。梅尔的母亲很难接受她的同性恋身份，这致使他们之间的关系变得紧张，梅尔对自己也很失望。当她和女性在一起时，尽管表面上看起来没什么不对，但她们的关系总是充满了问题。"那段时间我一直在做心理治疗。我本应是一个无拘无束的女同性恋者，但我的恋爱经历却相当坎坷，我总是忍不住想，为什么成年人的生活如此艰难。"她说，"我从一开始就拥有了我想要的一切：一个无可争议的好职业（工程师），一个完美的丈夫，两个漂亮的孩子。但我却不开心，我想搞清楚这是为什么，可我从未想到性别认同才是根本原因。"

一切改变都始于一次中学活动。梅尔是家长教师协会多元化委员会的负责人，她邀请接纳协会的人来做一次演讲。接纳协会与教育行业合作，致力于为同性恋和跨性别的年轻人创造安全的环境。

左：6 岁的梅尔和姐姐在一起；右：高中时期的梅尔

梅尔·怀默尔供图

"我作为家长协调人坐在教室的后面。他们播放了一段奥普拉和芭芭拉·沃尔特斯采访跨性别小孩的视频。其中一个孩子和小时候的我长得很像，于是我开始怀疑，这是不是我不开心的原因。"

梅尔报名参加了接纳协会总部（位于迈阿密）为期一周的研讨会。"会场里坐满了跨性别者，还有一些处于不同变性阶段的人，这个场面把我惊呆了。我已经让家人备感失望了，'天哪，难道要再来一次吗？'"

梅尔在告知家人之后，又向公众宣布了自己的想法。她主持了曼哈顿上西区社区委员会的会议，这个会议至少有50人参加。她当众宣布："我对自己有了新的发现。一直以来，我的性别都让我感到痛苦万分，我也不断地探索背后的原因。之后你们可能会看到我有一些改变，虽然我不知道自己最终会变成什么样，但你们要相信，作为委员会主席的我会努力工作的。我会以开放的心态回答转变期的任何问题。这件事对你们和我来说都同样陌生，我想听到你们的问题，我也希望你们能给我一些耐心。"梅尔在接下来的家长教师协会会议上也做了类似的发言，有些人走到她跟前表达了他们的困惑，但也为她感到高兴。

幸运的是，梅尔生活在一个思想进步的社区。为梅尔做诊疗的内分泌专家是跨性别领域最杰出的学者，但并不是所有跨性别者都能如此幸运。即使有最好的医生，改变人们对你的印象也不是易事。"会经历一段悲伤的旅程。"梅尔说，"就像失去亲人一样，你深爱过的人，你视为生命中的一部分的人，忽然改变了，你对这个人的未来想象也会随之消失。性别观念在我们的自我认知和社交圈里根深蒂固，当你开始转变性别时，你的生活的方方面面都会被打碎。这种转变本身就是一种伤痛。"

梅尔在2010年接受了双侧乳房切除术。不久后，她开始进行激素治疗。她服用了阻止雌激素分泌并加速绝经的药物，几个月后她就无须服用这些药物了。像绝经后的女性一样，她的体内不会再产生雌激素了。

"这让我感觉好多了，我的身体开始变得像我自己的了。随着我的身体停止分泌雌激素，我终于找回了自己。"她说。

接下来，她开始在胸部涂抹雄激素，这比药物注射起效慢。"我并不想要突然的改变，我觉得应该控制用药量。"不过，睾酮仍然对她的性欲产生了很大的影响。

"睾酮对性欲的影响真是让我大吃一惊，我感觉自己就像一个青春期的男孩，每个人、每件事似乎都可以激起我的性欲。我控制自己不去约会，因为我的情绪并不稳定，我想等到自己的身体状态稳定后再去约会。我真的就像一个17岁的小伙子。"梅尔补充说，他用成年人的态度来看待自己的"青春期"欲望。

对跨性别男性（由女性外表转变为男性外表的人）来说，睾酮可以促进肌肉和面部毛发生长，增强性欲，还会改变体味。对跨性别女性（由男性外表转变为女性外表的人）来说，雌激素对身体的直接影响不那么大，因为它降低了睾酮水平，所以肌肉质量会减少，脂肪分布会改变，屁股上的肉也会越来越多。有的跨性别女性还会服用抗雄激素药物，进一步降低睾酮水平。

医生会检测患者使用激素药物的副作用。睾酮会增加血细胞的数量，以及脑卒中和心脏病的发病风险；雌激素则有可能增加患抑郁症的概率。但波士顿大学的内分泌学家塞弗说，在大多数情况下，性别转变给人带来的快乐都能抵消其精神上的副作用。

激素治疗并不能让跨性别者在十几岁时已经发育成熟的器官减小或消失。睾酮不会缩减乳房的尺寸；雌激素不会让喉结消失，也不会让男低音变成女高音。这就是为什么医生更倾向于在青春期刚开始时介入治疗。最新的内分泌协会指南（2017年秋发布）认为，16岁以下的孩子可以开始进行激素治疗。这和2009年发布的指南不一样，后者认为激素治疗应该在 16 岁时开始①。但是，专家指出，数据仍然不足。尚没有大型实验长期追踪患儿的健康状况，检测副作用，计算有多少跨性别患儿最终决定不做变性治疗。

　　同时，医生也担心，有些已经开始接受治疗的青少年会改变主意，不想改变性别了。在青春期，阻断药物的药效是可以逆转的，如果有些孩子决定不变性，他们就可以停止用药，只是青春期会延后到来。因此，有的医生建议，应尽可能让跨性别儿童的青春期发育延缓，等他们充分了解到性别的影响后再做出决定。但这个问题其实非常复杂，跨性别身份认同本来就很难了，如果再让瘦小的孩子暂停发育，眼看着周围的同学长成高大的男生或窈窕的女生，这同样让人害怕。最新的指南虽然提供了建议，但专家和父母都明白，每个孩子都是独一无二的，世界上不会有适用于所有人的指南。

　　跟梅尔等生育之后才变性的成年人不同，跨性别儿童需要考虑变性之后可能会面临的不孕不育问题。出生性别为男性的孩子如果服用抗雄激素和雌激素药物，他们的精子数量将急剧减少。青少年可以将精子或卵子冰冻保存，但这对在青春期刚开始就使用激素阻断药物的孩子来说是不可行的，因为医生不可能从未进入青春期的男孩或女孩体内获取生殖细胞。

　　一个跨性别女孩的父亲说，他的孩子把开始进行雌激素治疗

① 最新版本的指南得到多个医学会的赞助，其中包括美国临床内分泌医师学会、美国男科学会、欧洲儿童内分泌协会、欧洲内分泌协会、儿科内分泌协会和世界跨性别健康专业协会等。

的那一天看作自己的生日。一个正在考虑从女性转变为男性的孩子的母亲说，她想尽可能地将睾酮治疗延缓到孩子20岁时再做，因为她担心药物的长期副作用。"没有人能告诉我们这些治疗对大脑产生的影响，这对我来说比其他任何事情都可怕。"不过，她补充说，如果她的孩子因为性别而感到抑郁，那么激素治疗带来的好处会大于未知的长期危害。

梅尔说睾酮药物让他变得更自信，当他回家看望亲人时，他的妹妹说他是个"百分之百的男人"。他是因为心情变好而感到自信，还是因为使用了睾酮药物，梅尔对此并不确定。

在转变性别期间，梅尔上男厕所时很紧张，他担心自己会因为长相过于女性化而被别人发现是变性人，而且他每次都要等小隔间有空位才行。女士们上厕所时会对着镜子打量自己，整理衣服，补补妆。但与女厕所里的情况不同，他发现男人们上厕所就只是上厕所。

"我一开始很不适应，因为男厕所里的气味实在太难闻了，男人们对厕所环境的忍受能力简直非同一般。"梅尔说。

梅尔希望能帮助人们培养新的性别意识。"二元对立的男女差异确实存在，但关键是我们应该用什么态度去对待这些差异。鉴于它们对生活的方方面面产生的影响，我希望能让这些差异的边界模糊一点儿，有更多的灰色地带，而不是非黑即白。"

半个世纪以前，当琼斯医生帮助约翰斯·霍普金斯医院建立性别身份诊所时，他担心医院可能满足不了父母们的期望，无法缓解他们的焦虑情绪。现在的专家们不这样想了，他们只担心治疗资源不足，有超过40%的跨性别者自杀过，这是平均自杀率的10倍。而且，这些自杀行为大多发生在治疗之前。梅尔从未有过自杀的念头，但他在16~26岁经历过10次车祸。"这就是做事不专心的后果，"他说，"去哪里都开快车。"

科学家可能永远无法知道性别认同和外生殖器之间的联系，但有很多积极的活动家、研究者和临床医生都在尝试找出更好、更有效的方法，从而帮助跨性别者安全快速地完成性别转变。

第 15 章

下丘脑：无可救药的肥胖

卡伦·斯尼热克的儿子纳特天生就饥饿感爆棚，他时时刻刻都要喝奶，当然，除了睡觉的时候，不过他的睡眠时间不长。他的饥饿感就像钻进骨头缝里的蚂蚁，迫使他从睡梦中醒来，哭闹着要奶喝。"我觉得自己快被抽干了，我的灵魂都要被他吸走了。"斯尼热克说道。就算长大到可以吃正常食物的时候，纳特也无法被喂饱。每顿饭过后，他的母亲都要费力地把他从婴儿座椅中拖出来，但他又会爬过去，紧紧地抱着椅子腿，然后号啕大哭，就像饿了几天没吃东西一样。对一位母亲来说，拒绝孩子进食的需求会让人心痛，但她实在不能再喂他东西吃了。斯尼热克说，纳特出生时重6磅左右，但他迅速变成了一个圆滚滚的婴儿，等他会爬的时候已然是个肥胖的婴儿了。

纳特快两岁时，斯尼热克突然想到她的孩子不只是贪吃，很有可能是身体出现了什么问题。于是，她带纳特去看了家庭医生。

"在家庭医生带我们去看专家之前，我不确定要等多久，可能一两个月吧。"斯尼热克说。血液检测发现，纳特患有一种罕见的内分泌疾病，一个基因错误导致产生饱腹感的激素失效。这种疾病叫作"阿黑皮素原缺乏症"。

人们现在对肥胖的看法已经和胖新娘布兰奇·格雷生活的时代不一样了，那时"激素"一词还没出现。严重肥胖的人要么在马戏团被当成怪物，要么被医生上下打量，不明白这到底是什么情况。在格雷去世之后、纳特出生之前，内分泌学科诞生并不断发展壮大。研究者斩断迷雾中的荆棘，用数据开出一条道路。他们准确地找出了导致纳特激素缺陷的基因——2p23.2，这个关键的基因片段和近期的其他发现一起，将引领人类开发出治疗纳特的药物，帮助存在同样基因缺陷的人战胜对食物的渴望，也帮助其他人控制食欲。更进一步说，新兴的内分泌研究将给我们最原始的需求引入全新的生物学视角，我们将知道是哪种激素让我们想吃东西。

早期，大部分与体重相关的研究都聚焦于能量的摄取，想弄清楚为什么有的人燃烧卡路里的速度更快。而过度进食属于心理学的研究范畴，他们认为这可能是情绪方面的问题。直到20世纪50年代，科学家才把饥饿感和激素联系起来，并着手研究大鼠的肥胖现象。有些大鼠生来就肥胖，有些大鼠则是因为被强制喂食而变胖（大鼠不会呕吐，这使得增重更轻松简单）。[①]大概也是在那个时候，研究人员开始意识到下丘脑对人体的重要影响。下丘脑是大脑中的一个杏仁大小的腺体，它能分泌一系列激素来保证身体功能的正常运转。下丘脑就像激素的大本营，它能控制体温、压力和生殖。研究人员猜测它也能调控食欲，实验结果证实了这一想法：切除大鼠的一部分下丘脑会导致它们疯狂进食，这也许是因为有某种激素被移除了。

　　1958 年，剑桥大学的乔治·赫维设计了一个极其简单而怪诞的实验：他先将两个大鼠的皮肤割开，然后把它们缝到一起，创造出一个"连体双胞胎"，使得两只大鼠共用一套血液循环系统。赫维觉得，如果大鼠能共享血液，那么它们也能共享激素。于是，他将其中一只大鼠的下丘脑切除，让它产生了无休止的饥饿感，并变得肥胖。赫维猜测，被切除下丘脑的大鼠的激素会传输到另一只大鼠身上，导致后者也不停地吃东西。然而，结果完全相反，另一只大鼠变得厌食。在好几对大鼠身上做了相同的实验后，得出了相同的结果。"即使把食物送到它们嘴边，"他写道，"它们也不愿进食，而是把头扭到一边。"被切除了下丘脑的大鼠变得肥胖，而另一只大鼠却饿死了。

---

① 根据 ratbehavior.org 网站的信息，老鼠也不会打嗝。这是因为它们既没有胃部肌群将食物向上推，大脑里也没有控制呕吐的机制，呕吐能帮助身体排出有毒食物。由于大鼠无法呕吐，它们吃东西极其挑剔，在进食前会先咬一小口，以免食物中毒。我很难相信这个说法，因为纽约市住宅区的老鼠好像对街上的任何食物都非常感兴趣，包括灭鼠药。

简单来说，摄入热量可以促进某种化学反应的发生，降低食欲。赫维在1959年的《生理学期刊》上总结说，他的实验为激素的"负反馈调节"理论提供了证据支持。当身体里的某种激素水平上升时，就会有另一种激素来降低它。这是身体保持平衡的方式，医生称其为体内稳态。这就是女性来月经时会出现雌激素和黄体酮涨落的原因。胰腺也是基于类似的原理保持血糖水平稳定的。赫维发现，当肥胖的大鼠吃东西时，它的体内会释放让大鼠产生饱腹感的激素。肥胖大鼠不停地进食，是因为大脑缺陷导致它接收不到激素信号。而当这些激素信号传输到另一只大鼠体内时，它们也被大脑准确地接收了。尽管这只大鼠什么也没吃，但激素信号让它产生了饱腹感，从而停止进食。

英国率先开展了大鼠实验，美国紧随其后，做了进一步研究，共同探寻这种隐秘的物质。1949年，乔治·斯内尔发现有一种老鼠的体重是其他老鼠的3倍，它们疯狂地吃喝，他将其命名为"肥鼠"。10年后，同样在杰克逊实验室工作的道格拉斯·科尔曼发现了另一种吃得多并且患有糖尿病的大鼠，他把它们称作"糖鼠"。科尔曼做了一个类似于赫维实验的连体大鼠实验，他认为这些变异的大鼠肯定缺失了某种"满足因素"，但这种因素到底是什么还不得而知。

20世纪70年代，诺贝尔奖获得者罗莎琳·雅洛认为，胆囊收缩素可能就是他们要找的神奇激素，大脑和内脏都会分泌这种激素。但不幸的是，她的学生布鲁斯·施耐德证明这个想法是错误的。我们现在知道，胆囊收缩素在进食过程中被释放出来，有促进消化的作用。它虽然和饥饿感有关，但并不是让人产生饱腹感的激素。终于，人们在20世纪80年代早期取得了重大突破，利用基因技术找到了可控制饥饿感的基因段。不过，定位到具体的基因又花了几十年的时间。基因定位就像寻宝，科学家先要找出宝藏的大致范围，再进一步确定宝藏的具体位置。

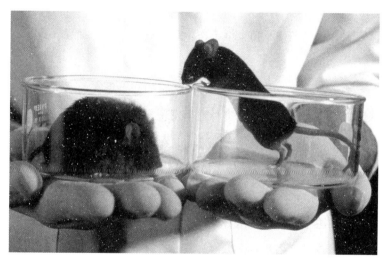

右边的大鼠身体正常，而左边的大鼠由于基因缺陷导致瘦素不足，引发暴饮暴食
雷米·贝纳利/伽马–雷多图片库/盖蒂图片社

　　1994年，受到科尔曼的启发，洛克菲勒大学的杰弗里·弗里德曼医生也运用基因追踪技术，找到了控制瘦素释放的基因。它不是前文说的让人产生饱腹感的激素，而是一种体重控制激素。它通过饥饿机制控制食欲，并决定饱腹感什么时候出现。如果它出现异常，那么饱腹感可能永远不会产生。

　　这种激素叫作瘦素（leptin），源自希腊语 *leptos*，意为"瘦"。

没人会想到，这种物质存在于脂肪细胞中。这个发现令人震惊，因为它表明脂肪细胞不只是一团团油脂，而是像卵巢或者睾丸一样的内分泌器官。

"我们完全想不到，这些脂肪细胞除了能够储存能量，还能分泌这么多分子。"哥伦比亚大学医学院教授鲁迪·利贝尔说道。利贝尔还是娜奥米·贝里糖尿病与分子遗传学中心的负责人，曾和弗里德曼一起在洛克菲勒大学工作，并在基因克隆方面做出了重要贡献。

不过，让科学界和糖尿病患者兴奋的并不是瘦素存在于脂肪细胞里的事实，而是瘦素本身这个发现，因为这可以让人们把肥胖归咎于基因，而不是缺乏意志力。英国《独立报》的头条标题是"是基因而不是贪吃让你变胖"。《纽约时报》称："有充足的证据证明，肥胖不是人为造成的，而是先天因素导致的。"

现在医生认为瘦素是身体警报系统的一部分，会把饥饿的信号反馈给身体。当能量降低时，身体会产生饥饿感。进食会减少饥饿感，进而使瘦素水平变得稳定。当极度饥饿时，瘦素水平会变得非常低，并扰乱下丘脑释放的其他激素，从而减缓生殖与代谢，降低免疫力。弗里德曼解释说，所有的生物机能（生小孩、抵抗病菌、保持体温等）都需要消耗能量，"因此，当瘦素水平过低时，你的身体为了减少能量消耗，整体机能水平会降低一档"。

这就是女性在过度节食的情况下会绝经、不孕和容易生病的原因。其他跟瘦素相关的激素也会失去平衡，导致手臂上的毛发增多，骨骼变脆，这些现象在厌食症患者身上十分常见。医生早在几年前就知道这些问题了，但直到最近才发现瘦素是其中的关键因素。

　　瘦素也是导致我们减肥失败的原因，这要从经典的设定点理论说起。大多数人的体重都有一个正常值或适当的范围。当我们节食和减少脂肪含量时，瘦素水平也会随之降低并产生饥饿感，促使我们吃回正常值。让人开心的是，瘦素水平和饮食是相互影响的。如果我们听从体内化学机制的指挥，那么饥饿感会在我们饱餐一顿之后消失，让我们的体重回到正常值。如果你能逐渐减少食物的摄取量，也许可以调整你的体重正常值，甚至重置瘦素水平。

　　根据这些发现，我们或许会认为瘦素能够消除节食人士的饥饿感，帮助他们执行节食计划。不幸的是，瘦素只对天生瘦素极其匮乏的人来说有效，所以减肥人士和制药商都要失望了。这可能是因为促使我们进食的因素多种多样，即使不饿的时候我们也经常吃东西。另外，控制饥饿感、饱腹感和热量消耗的激素远不止一种。

　　纳特的问题并不是缺乏瘦素，而是下丘脑的瘦素受体有缺陷。但结果是一样的：他无时无刻不感到饥饿。可是，无论他补充多少瘦素都没用，就像修水管的时候补错了地方，还是会漏水。

　　由于瘦素也能间接调节其他激素，所以纳特还存在其他激素问题。在布兰奇·格雷生活的时代，患了纳特这种病的婴儿很快就夭折了。纳特每天必须服用三次皮质醇、一次甲状腺素，才能保证肾上腺和甲状腺的正常工作。瘦素的影响范围还包括性激素，所以纳特无法拥有正常的青春期，等到了时候他还需要使用性激素。

科学家通过研究像纳特这样的病例，在了解饥饿的生理功能方面已经取得了不小的进展，但还是不够。目前，内分泌学家联合传染病专家、免疫学家、神经学家、环境专家，共同研究激素是如何影响食欲和能量的。比如，消化道里生活着几百亿个微生物，形成了复杂的微生物环境，并释放出不同的化学物质。这可能会改变激素控制食欲或消耗身体能量的方式。换句话说，有些微生物可能让我们增重，而有些让我们减重。有研究发现，抗生素可能会让人的体重增加，因为抗生素会杀死某些细菌，引发肥胖。也有研究得出了相反的结论。就目前的研究结果来说，下定论为时尚早。我们也无法靠饮用益生菌来补充"好"的细菌。内脏研究可能会提供与瘦素有关的发现，帮助我们了解饥饿感。一些科学家正在研究工业污染和杀虫剂如何通过水源进入我们的食物链，有些毒素就像电脑黑客一样，可能在悄悄激活某些激素，扰乱人体内激素系统的稳态。不过，要证明这个想法，我们还有很长的路要走。

缩胃手术曾被解读成通过缩小食物的储存空间来达到节食和减重的目的，但现在人们认为它可能是通过改变饥饿激素的工作方式来起效的。也许科学家能研制出某种药物，既有调节饥饿激素的功效，又能让人规避手术的风险。

哥伦比亚大学的鲁迪·利贝尔是权威的肥胖研究者之一，他在细胞层面上研究饥饿信号。他试图通过实验去了解多种激素如何在脑细胞之间传递饥饿信号。他认为，现在迫切需要使用更先进的脑成像技术进行人体研究。"我们还不了解如何控制食物的摄取"，利贝尔说，"但有关内分泌系统及其对大脑和胃肠道的影响的了解会不断加深。"

当进食过量时，我们身体燃烧热量的方式会变得更加低效，饥饿感也会更强烈。这是由体内激素的工作方式导致的。实验动物变得更胖了，是因为它们更饥饿了，还是因为它们燃烧卡路里变得更费劲儿了？没有人知道答案。但是，这给我们提供了线索，那就是某种物质改变了激素的分泌，导致了肥胖的发生；或者，我们的不良饮食习惯导致激素分泌出现混乱。研究人类的食欲很难，因为其中的因果关系十分复杂。就像老生常谈的鸡生蛋还是蛋生鸡的问题：到底是先天因素导致我们肥胖，还是后天的饮食习惯造成内分泌紊乱？此外，母亲怀孕期间的饮食习惯和接触的化学物质会不会影响孩子对垃圾食品的喜好？我们就这样陷入了趋胖污染物（让我们变胖的物质）的旋涡吗？还是说，我们的生活方式（比如庆祝节假日、社交）本身就是以食物为中心的？

纳特现在8岁了，身材敦实，双腿短粗，他的BMI指数（身体与身高比例的指数）远超肥胖值。总的来说，他是个无忧无虑的孩子，这多亏他的母亲竭尽全力帮助他转移对食物的注意力。这是一项24小时不间断的任务：纳特只能在家学习，以确保他每餐的热量摄入都是适当的，并且少食多餐，还要防止他偷吃。

斯尼热克在社交网站上结识了三个和纳克有同样病症的人，他们都在试用一种可能会让瘦素的受体正常工作的新药。纳特想要试用的话，还需要等待很长时间：志愿受试者必须年满18岁。一名志愿者告诉斯尼热克，他4个月内减掉了25磅体重，并且人生中第一次体验到什么是饱腹感。

纳特的母亲很失望："为什么不能现在就把药给我？"

她心急如焚，想让纳特参加任何可能的临床试验，不管是降低食欲的，还是调节激素水平的。"我觉得他的身体里就藏着我们要找的答案。"她说。纳特4岁时曾在美国国立卫生研究院待过一周，斯尼热克认为纳特为医生提供的信息比医生能给斯尼热克提供的信息多得多。

肥胖研究远不只是研究体重超重问题，它是内分泌学的前沿，因为内分泌学从细胞层面研究人类行为背后的诱因，而这是20世纪的激素研究者想做却做不到的事情。"人类内心隐藏着控制欲。"瘦素基因的发现者弗里德曼说，"就肥胖来说，我们自以为能够控制它，但我们并没有意识到，让你吃饭的本能驱动力和让你喝水、睡觉的驱动力，以及做其他事情的驱动力都是一样的。人类现在对这些本能的了解还不够深，也不知道靠个人意志去控制它们是多么困难。"简言之，我们尚未弄清楚激素是如何掌控我们的身体和行为的。

后

记

　　1921年，在进行了将近20年的激素研究并创立了内分泌物研究协会近5年之后，热衷于收集人脑标本的哈维·库欣觉得，是时候向世人展示这门新兴学科的进展了。他说，近期关于垂体的研究使得"论文纷纷涌现，内分泌学家登上了历史的舞台"。库欣擅长的事情不少，但谦虚不是其中之一。他说这番话只是为了增加自己研究的关注度，他自诩内分泌学之父。"有人孜孜不倦地追求新的科学发现；有人是狂热的殖民者；有人像传教士传播福音一样推广知识；有人看到了发财的机会，乘着商业的东风扬帆启航。"他说，"许多人都在这趟旅途中奋力前行，至于我们为何如此坚定地探索，就留给未来的历史学家去阐释吧。"

　　库欣称赞了他的几位同行的成就，他们给腺体有缺陷的病人使用甲状腺素，还发现了艾迪生病的病因是肾上腺功能异常。他承认他们走了许多弯路，但他不会想到，在他讲完这番话的几年后，好心的医生阴差阳错地为两个杀人犯做了专家辩护，称他们的松果体才是真正的罪犯。库欣虽未参与，但他本可以预见有人会极其狂热地发起全球性的垂体收集活动，目的是给侏儒症患儿补充生长激素。他做事一丝不苟，这是他成为全球顶尖脑外科医生的原因，但他也许应该提前想到不可靠的生长激素提纯方式会造成污染和死亡。

库欣对那些所谓的神药很了解，也深恶痛绝。如果他能活到今天，肯定不会对所谓的"低睾"药物或者催产素糖丸感到惊讶。但他可能无法预见到放射免疫测定的出现，这种技术能测量十亿分之一克的激素，给整个学科带来了一场革命，把拍脑袋的工作变成了精确的医学操作。他可能也不会想到，消化道里的微生物和"低等"的脂肪细胞可能跟"伟大"的脑垂体一样，都是激素的生产者。

激素的探索过程是不同事物互相联结的体现。它从我们体内的腺体检查开始，逐步聚焦于产生激素的细胞团。库欣为腹部与大脑之间的激素联结感到惊讶，这激发他开始了对内分泌系统的研究。今天，我们逐渐认识到，每个人都是激素海洋里的一艘小船，随着波浪的起伏变化而起起落落。

"我们在内分泌学的大海里航行，这片海洋被迷雾笼罩，没有可靠的地图供我们参考。"库欣在100多年前的美国医学会会议上说道，"这样的航行很容易迷失方向，因为我们中的大多数人都对它知之甚少，对目的地也只有模糊的概念。"

21世纪的航海家（库欣口中的"狂热的殖民者"）的目标虽然仍

不清晰，但越来越明确了。他们正在探索新技术，寻找控制激素产生的基因，并试图让这些化学物质的特性可视化。对消费者来说，我们可以以史为镜，提高自己对药物和医学信息的分辨能力。我们已经注射了预防针，以免在激素的海洋里被不切实际的期望冲昏头脑，保证我们的船能够按照正确的航线前行。随着我们渐行渐远，我们会越来越了解这些化学物质如何催生我们的欲望、情绪、生理需要和维系我们的生命。

致
谢

这本书的写作过程与激素的运作方式有诸多相似之处。我的意思不是写这本书让我抓狂，而是说我从来都不是一个人在战斗。激素之间互相配合、互相引导，告诉彼此何时该冷静下来。我在写作时也一样，专家、朋友、家人都给了我很多帮助，指引我的方向，告诉我什么时候该淡定一点儿。

给我提供过学术信息的专家都列在了相关章节的注释部分，有几位医生甚至全天候地为我提供帮助。我想对以下这些人表示特别的感谢：耶鲁大学妇产科临床教授玛丽·明金，她在绝经方面给予了我大量指导；贝勒医学院男性生殖医学与外科学助理教授亚历山大·帕斯图舍克，他是我的睾酮专家；达特茅斯盖泽尔医学院生理学与神经生物学教授莱斯莉·亨德森；波士顿医学中心变性医学与外科手术负责人乔舒亚·塞弗，他帮我润色了措辞。

同时，还要感谢所有帮助我搜寻晦涩医学资料的图书管理员们：纽约医学院历史收藏馆的阿琳·莎娜尔、耶鲁大学库欣/惠特尼医学图书馆的负责人梅利莎·格蕾芙、哥伦比亚医学中心健康科学图书馆的存档与特殊藏品负责人史蒂芬·诺瓦克。纽约医学院的沃尔特·林顿和李梓晨（音译）帮助我拿到了网上收集不到的科学文献。只要想到世界上有这么多研究者和作家愿意慷慨解囊，分享材料，就让我倍感幸运。约翰·赫贝曼是得克萨斯大学奥斯汀分校日耳曼研究方面的教授，也是一名历史学家、作家；埃米莉·格林是一名记者，从一开始就关注对生长激素的报道；乔纳森·英贺是《药丸》一书的作者，他与我分享了避孕药物的采访视频。谢谢你们。

霍华德·琼斯和乔治安娜·琼斯的孩子们——拉里·琼斯、霍华德·琼斯三世、乔治安娜·克林根·史密斯，热情地邀请我去他们的家分享父母的故事。伊兰娜·雅洛也和我一起回忆他们的母亲罗莎琳·雅洛。

我从心底感谢那些在百忙之中抽出时间反复阅读稿件，并向我提出真切建议的朋友们。感谢我在纽黑文的团队：安娜·赖斯曼、丽莎·桑德斯、约翰·狄龙，还有我们的新成员玛乔丽·罗森塔尔。我很想再续我们在达赫斯特咖啡馆的三小时长谈。我还要感谢我的纽约小分队：朱迪斯·马特洛夫、凯迪·奥伦斯坦，还有阿比·埃琳（她是标题女王）。他们提供了细致的评论，并且在发现错误后第一时间反馈给我。还有谢里·芬克、艾莉西·赖基、安娜贝拉·霍克希尔德、杰西卡·弗里德曼，谢谢你们省人至深的建议。这些建议帮助我完成了我的故事线。还有玛丽·李、约翰·赖纳、艾丽丝·科恩，我总是很享受与他们在纽约上西区傍晚的聊天。我还想感谢开放教育项目的导师和同事。他们是凯瑟琳·麦吉奥赫、杰西卡·佩芙娜尔，谢谢你们的仔细阅读与创造力。

当然，还有"隐形学院"，他们日益增长的"隐形"会员在每月共进晚餐时给我提供了建议与鼓励。

在听众面前讲述我的研究，让我有机会将思绪沉淀并写成书籍，这是我的动力来源。这一切要归功于纽约医学院，特别是莉萨·欧苏利文，她是图书馆的副馆长，也是医学与公共健康中心的负责人。还有活动与项目协调负责人埃米莉·米兰科尔。我还要感谢杰伊·巴鲁克博士，他曾邀请我去布朗大学的人文研究所演讲。我当时是耶鲁大学医学项目的学生，我非常开心能为他们的理事会服务。理事会的会长安娜·赖斯曼（就是我的写作小组里的那个安娜）给予了我发声的机会，甚至让我讨论一个我还没全部完成的章节——严格的截止日期是第一生产力。很多人在精神上给予了我支持，并鼓励我坚持写作和交流，他们是：玛格丽特·霍洛韦、凯茜·舒芙洛、哈丽雅特·华盛顿、劳伦·桑德勒、劳丽·尼霍夫、莉齐·赖斯、乔安娜·雷丁、温蒂·帕里斯、艾丽丝·蒂施、汤米·蒂施、道格·卡根、阿迪娜·卡根、简·博尔迪耶。耶鲁大学的返聘医学教授汤姆·达菲给我讲述了他在约翰斯·霍普金斯大学时的故事。曼朱·普拉萨德教授是耶鲁大学内分泌与头颈病理中心的负责人，他读了我的稿件，并在写作与科学性上给出了十分有效的建议。乔安娜·拉莫斯–博耶尔和弗吉尼亚·舒佳尔·哈塞尔给了我很多鼓励。马克·舍恩伯格和丽莎·艾伯茨除了听我念叨之外，还在巴尔的摩当我的向导。杰西卡·鲍德温是我在伦敦的一位朋友，她飞速前往巴特西公园找到了那座隐秘的雕像，并帮我拍照，因为我当时急需这张照片。我还想感谢查克·斯克拉（儿科内分泌专家、史隆·凯特灵癌症研究中心长期跟踪项目负责人）、迈龙·盖内尔（耶鲁大学儿科返聘教授），他们让我把重点放在了内分泌学史上的重要问题上。

我从我的学生身上也学到了很多。谢谢你，塔利·伍德沃德，你让我进入了哥伦比亚大学新闻系的大家庭里。这里的学生是我灵感的源泉。谢谢你，安德鲁·厄尔古德，是你让我有机会能和本科生一起学习。我们在英文121教室里讨论了核心段落、遗漏之处、文章结构、开头语，还有如何减少医学术语的使用，这些对我的写作都大有裨益。教室里热情的学习气氛极具传染力，与你们讨论总是让我充满激情。

乔伊·哈里斯是我永远的恩人，她是作家梦想中的经纪人。她还是一个很好的朋友，一个值得依靠的人。我在诺顿出版社的团队帮助我完成了出版的过程。我也想表达我对吉尔·比亚洛斯基的感谢，她是一名诗人、小说家、传记作者。她是我两本书的编辑，帮我建立了书籍的主线，并在我迷失写作方向时帮我找到了正确的道路。我还想感谢诺顿的整个团队：项目编辑艾米·梅代罗斯、封面艺术总监刘殷素（音译）、制作经理劳伦·阿巴特。德鲁·伊丽莎白·魏特曼是个超凡的编辑助理。我给她发了很多问题，她总是开心又迅速地一一回复。我还要感谢淘气又聪明的文字编辑阿莱格拉·休斯顿，她帮我最终润色了稿件。

只有自己成为母亲之后才能体会母亲是多么伟大。在这本书的写作过程中，我挂了无数次母亲的电话。可是，每当我打电话给她时，不论她多忙，她都会全神贯注地听我讲话。谢谢你，我亲爱的妈妈。我的父亲罗伯特·胡特尔对于文字、医学数据、科学理论，以及如何准确解释医药都非常认真。他做事精准、为人诚恳，且富有同理心，我希望他能以此为荣。我的哥哥安德鲁和姐姐伊迪总是在我怀疑自己的时候信任我，给予我鼓励。

我的孩子们——杰克、乔伊、玛莎、伊丽莎，他们是我生命的全部。他们自告奋勇地提供了许多写作意见，比如把"激素"和"性唤起"的双关梗从这个致谢中删除。最后，我想要感谢斯图尔特——我的外婆，她是一切故事开始的原因。

注

释

第1章　分泌激素的腺体：胖新娘的故事

Details of the life and death of Blanche Grey are taken from: "Trying to Steal the Fat Bride: Resurrectionists Twice Baffled in Attempts to Rob The Grave," *New York Times*, October 20, 1883; "The Fat Girl's Funeral: Her Remains Deposited in a Capacious Grave at Mt. Olivet," *Baltimore Sun*, October 29, 1883; "More than a Better Half," *New York Times*, September 26, 1883; "The Fattest of Brides Dead," *Baltimore Sun*, October 27, 1883; "Her Fat Killed Her," *Chicago Daily Tribune*, October 27, 1883; "Poor Moses: How the Late Fat Girl's Husband was Scared," *San Francisco Chronicle*, November 19, 1883; "Sudden Death of a 'Fat Woman,'" *Weekly Irish Times*, November 17, 1883; and "A Ponderous Bride," *Baltimore Sun*, October 1, 1883. An overview of the early years of endocrinology is given in V. C. Medvei's thorough *A History of Endocrinology* (Lancaster, U.K.: MTP Press), 1984.

1 **body snatchers:** "Trying to Steal the Fat Bride: Resurrectionists Twice Baffled in Attempts to Rob the Grave," *New York Times*, October 20, 1883.

3 **voyeuristic shows:** Robert Bogdan, *Freak Show: Presenting Human Oddities for Amusement and Profit* (Chicago: University of Chicago Press, 1998); Rachel Adams, *Sideshow U.S.A.: Freaks and the American Cultural Imagination* (Chicago: University of Chicago Press, 2001).

3 **stoked the fascination of an eclectic crew:** Aimee Medeiros, *Heightened Expectations* (Tuscaloosa: University of Alabama Press, 2016).

4 **an autopsy . . . revealed a tumor:** Fielding H. Garrison, "Ductless Glands,

Internal Secretions and Hormonic Equilibrium," *Popular Science Monthly* 85, no. 36 (December 1914): 531–40.

4 **developmentally delayed ten-year-old:** J. Lindholm and P. Laurberg, "Hypothyroidism and Thyroid Substitution: Historical Aspects," *Journal of Thyroid Research* 2011 (March 2011): 1–10.

4 **museum . . . Monroe Hotel:** Steve Cuozzo, "$wells Take Bowery," *New York Post*, December 26, 2012.

4 **"adipose monstrosity":** "More Than a Better Half," *New York Times*, September 26, 1883.

5 **"freaks' boarding house":** "The Fat Bride," *Australian Town and Country Journal*, January 12, 1884.

6 **realized she was dead:** "The Fat Bride," *Manawatu Times*, January 28, 1884, available at: http://paperspast.natlib.govt.nz/cgi-bin/paperspast?a= d&d=MT18840128.2.20.

6 **"The crowd on the pavement":** "The Fat Girl's Funeral: Her Remains Deposited in a Capacious Grave at Mt. Olivet," *Baltimore Sun*, October 29, 1883.

9 **"The physician without physiology":** Roy Porter, *The Greatest Benefit to Mankind: A Medical History of Humanity* (New York: W. W. Norton, 1997), 305.

11 **"They crowed lustily":** Homer P. Rush, "A Biographical Sketch of Arnold Adolf Berthold: An Early Experimenter with Ductless Glands," *Annals of Medical History* 1 (1929): 208–14; Arnold Adolph Berthold, "The Transplantation of Testes," translated by D. P. Quiring, *Bulletin of the History of Medicine* 16, no. 4 (1944): 399–401.

11 **He published his insights:** Rush, "A Biographical Sketch."

11 **as if Columbus discovered America:** Albert Q. Maisel, *The Hormone Quest* (New York: Random House, 1965).

12 **Thomas Blizard Curling:** Lindholm and Laurberg, "Hypothyroidism and Thyroid Substitution."

12 **Thomas Addison:** Henry Dale, "Thomas Addison: Pioneer of Endocrinology," *British Medical Journal* 2, no. 4623 (1949): 347–52.

12 **George Oliver:** Ibid.

12 **named "adrenaline":** Michael J. Aminoff, *Brown-Séquard: An Improbable Genius Who Transformed Medicine* (New York: Oxford University Press, 2011); Porter, *The Greatest Gift to Mankind*, 564; John Henderson, *A Life of Ernest Starling* (New York: Oxford University Press, 2005).

第2章 激素的诞生：棕色猎犬雕像

Details of the Brown Dog Affair are drawn from Peter Mason, *The Brown Dog Affair: The Story of a Monument that Divided a Nation* (London: Two Sevens, 1997) and Henderson, *A Life of Ernest Starling*, as well as Hilda Kean, "An

Exploration of the Sculptures of Greyfriars Bobby, Edinburgh, Scotland, and the Brown Dog, Battersea, South London, England," *Journal of Human–Animal Studies* 11, no. 4 (2003): 353–73; J. H. Baron, "The Brown Dog of University College," *British Medical Journal* 2, no. 4991 (1956): 547–48; David Grimm, *Citizen Canine: Our Evolving Relationship with Cats and Dogs* (New York: Public Affairs, 2014); and Coral Lansbury, *The Old Brown Dog: Women, Workers, and Vivisectionists in Edwardian England* (Madison: University of Wisconsin Press, 1985). Details of endocrinology in the early 1900s are drawn from Medvei, *A History of Endocrinology*; Merriley Elaine Borell, "Origins of the Hormone Concept: Internal Secretions and the Physiological Research 1895–1905," PhD thesis in the history of science, Yale University, 1976.

15 **"A place to avoid"**: Mason, *The Brown Dog Affair*, 25.

16 **"centuries of angst"**: Grimm, *Citizen Canine*, 48.

17 **"There cannot be one standard"**: Mason, *The Brown Dog Affair*, 45.

17 **"It's only them brown doggers"**: Ibid. 48.

18 **declined an invitation to be knighted**: Diana Long Hall, "The Critic and the Advocate: Contrasting British Views on the State of Endocrinology in the Early 1920s," *Journal of the History of Biology* 9, no. 2 (1976): 269–85.

18 **Bayliss married Starling's sister**: Henderson, *A Life of Ernest Starling*.

18 **Starling married into money**: Rom Harré, *Pavlov's Dogs and Schrödinger's Cat: Scenes from the Living Laboratory* (Oxford: Oxford University Press, 2009).

20 **The point was to put the mixture**: Ibid.

20 **"chemical reflex"**: Irvin Modlin and Mark Kidd, "Ernest Starling and the Discovery of Secretin," *Journal of Clinical Gastroenterology* 32, no. 3 (2001): 187–92.

20 **announced their new ideas**: Barry H. Hirst, "Secretin and the Exposition of Hormonal Control," *Journal of Physiology* 560, no. 2 (2004): 339.

21 **"therefore rather sceptical"**: W. M. Bayliss and Ernest H. Starling, "Preliminary Communication on the Causation of the So-Called 'Peripheral Reflex Secretion' of the Pancreas," *Lancet* 159, no. 4099 (1902): 813.

21 **"Of course, they are right"**: Modlin and Kidd, "Ernest Starling and the Discovery of Secretin."

21 **"The secretion must therefore"**: W. M. Bayliss and Ernest H. Starling, "On the Causation of the so-called 'Peripheral Reflex Secretion' of the Pancreas (Preliminary Communication)," *Proceedings of the Royal Society* B69 (1902): 352–53.

22 **suggest that postmenopausal declines**: Jukka H. Meurman, Laura Tarkkila, Aila Tiitinen, "The Menopause and Oral Health," *Matiritas* 63, no. 1 (2009): 56–62.

22 **created a discipline**: Modlin and Kidd, "Ernest Starling and the Discovery of Secretin."

22 Scientists know that secretin: Hirst, "Secretin and the Exposition of Hormonal Control."

22 secretin also regulates electrolytes: Jessica Y. S. Chu et al., "Secretin as a neurohypophysial factor regulating body water homeostasis," *PNAS* 106, no. 37 (2009): 15961–66.

22 "A chemical sympathy": Bayliss and Starling, "On the Causation."

25 "twofold": Lizzy Lind af Hageby and Leisa Katherina Schartau, *Shambles of Science: Extracts from the Diary of Two Students of Physiology* (London: Ernest Bell, 1903).

25 "His master may have lost him": Ibid.

26 "cowardly, immoral and detestable": Mason, *The Brown Dog Affair*, 11.

27 Bayliss, who shunned publicity: Details of the trial are taken from "Bayliss v. Coleridge," *British Medical Journal* 2, no. 2237 (1903): 1298–1300; "Bayliss v. Coleridge (Continued)," *British Medical Journal* 2, no. 2238 (1903): 1361–71; and "Was It Torture? The Ladies and the Dogs, Doctors and the Experiments," *Daily News*, November 18, 1903.

28 "Here is an animal": "He Liveth Best Who Loveth Best, All Things Both Great and Small," *Daily News*, November 19, 1903.

28 sneaky and reprehensible: Mason, *The Brown Dog Affair*, 19–20.

28 "bringing vile charges": "The Vivisection Case," *Globe and Traveller*, November 18, 1903.

28 four weekly lectures: Ernest H. Starling, *The Croonian Lectures on the Chemical Correlation of the Functions of the Body*, Royal College of Physicians, 1905, available at: https://archive.org/details/b2497626x.

28 "These chemical messengers": Ibid.

29 turned to two friends: Medvei, *A History of Endocrinology*, 27; Hirst, "Secretin and the Exposition of Hormonal Control."

29 "autocoid": Sir Humphry Rolleston, "The History of Endocrinology," *British Medical Journal* 1, no. 3984 (1937): 1033–36.

30 "chalone": Ibid.

30 He avoided mentioning the testes: Henderson, *A Life of Ernest Starling*.

31 "An extended knowledge": Starling, *The Croonian Lectures*, 35.

31 "seems almost like a fairy tale": Henderson, *A Life of Ernest Starling*, 153.

31 "outrageous," "mute testimony": "Battersea Has a Brown Dog," editorial, *New York Times*, January 8, 1908.

32 On March 10: Marjorie F. M. Martin, "The Brown Dog of University College," *British Medical Journal* 2, no. 4993 (1956): 661.

32 "the statue or anything of its likeness": "Battersea Loses Famous Dog Statue," *New York Times*, March 13, 1910.

32 A second *Brown Dog* memorial: Hilda Kean, "The 'Smooth Cool Men of Science': The Feminist and Social Response to Vivisection," *History Workshop Journal*, no. 40 (1995): 16–38.

第3章　罐中之脑：库欣的收藏

Details of Harvey Cushing's life are drawn from Michael Bliss, *Harvey Cushing: A Life in Surgery* (New York: Oxford University Press, 2005), and Aaron Cohen-Gadol and Dennis D. Spencer, *The Legacy of Harvey Cushing* (New York: Thieme Medical Publishers, 2007), which includes images from Cushing's operations (the photos are on display at Yale). I also scoured Cushing's correspondence, in the Harvey Williams Cushing Papers, MS 160, Manuscripts and Archives, Sterling Memorial Library, Yale University. I conducted interviews with Dr. Dennis Spencer, Harvey and Kate Cushing Professor of Neurosurgery, Yale University; Dr. Christopher John Wahl, orthopedic surgeon at Orthopedic Physicians Associates, Seattle, WA: Dr. Tara Bruce, obstetrician gynecologist, Houston, TX; Dr. Gil Solitaire, retired neuropathologist; and Terry Dagradi, photographer and coordinator at the Cushing Center, Yale University.

38　**"In the first decade"**: Bliss, *Harvey Cushing*, 166.
38　**he boasted a mortality rate**: Ibid., 274.
38　**"Whatever approach"**: Dr. Dennis Spencer, author interview.
40　**"The Chief's first and only true love"**: Bliss, *Harvey Cushing*, 481.
40　**first human-to-human pituitary transplant**: Courtney Pendleton et al., "Harvey Cushing's Attempt at the First Human Pituitary Transplantation," *Nature Reviews Endocrinology* 6, no. 1 (2010): 48–52.
40　**Newspapers heralded it as a scientific breakthrough**: "Part of Brain Replaced: That of Dead Infant Put in Cincinnati Man's Head, First of its Kind," *Baltimore Sun*, March 26, 1912; "Given Baby's Brain," *Washington Post*, March 26, 1912; "Brain of Still-Born Infant Used to Restore Man's Brain," *Atlanta Constitution*, March 27, 1912.
41　**gave the dogs a piece of pituitary**: Harvey Cushing, "Medical Classic: The Functions of the Pituitary Body," *American Journal of the Medical Sciences* 281, no. 2 (1981): 70–78.
41　**He measured the skull**: Harvey Cushing, "The Basophil Adenomas of the Pituitary Body and Their Clinical Manifestations (Pituitary Basophilism)," *Bulletin of the Johns Hopkins Hospital* 1, no. 3 (1932): 137–83; Harvey Cushing, *The Pituitary and Its Disorders*: *Clinical States Produced by Disorders of the Hypophysis Cerebri* (Philadelphia: J. B. Lippincott, 1912).
42　**slipped the undertaker fifty dollars**: Wouter W. de Herder, "Acromegalic Gigantism, Physicians and Body Snatching. Past or Present?" *Pituitary* 15 (2012): 312–18.
42　**case after case of men and women**: Cushing, *The Pituitary and Its Disorders*.
44　**article entitled "Uglies"**: "Uglies," *Time*, May 2, 1927.
44　**"This unfortunate woman"**: John F. Fulton, *Harvey Cushing: A Biography* (Springfield, IL: Charles C. Thomas, 1946), 304.

46　**Now we know he may have been right:** "Pituitary Tumors Treatment (PDQ) Patient Version," National Cancer Institute, 2016, http://www.cancer.gov/types/pituitary/patient/pituitary-treatment-pdq.

46　**A doctor at the Mayo Clinic:** V. C. Medvei, "The History of Cushing's Disease: A Controversial Tale," *Journal of the Royal Society of Medicine* 84, no. 6 (1991): 363–66.

47　**Anti-Pituitary Tumor Club:** Ibid.

47　**"temptation of impressionistic speculation":** Cushing, "The Basophil Adenomas of the Pituitary Body."

47　**10,48 words a day:** Fulton, *Harvey Cushing.*

48　**jumble of jarred brains:** Dr. Gil Solitaire, author interview.

49　**"I think a few people":** Dr. Christopher John Wahl, author interview.

50　**Wahl would write a thesis:** Christopher John Wahl, "The Harvey Cushing Brain Tumor Registry: Changing Scientific and Philosophic Paradigms and the Study of the Preservation of Archives," medical school thesis in neurosurgery, Yale University, 1996.

53　**In the summer of 2017:** personal interviews with Dr. Maya Lodish and Dr. Cynthia Tsay, March 1, 2018. Also Cynthia Tsay et al., "Harvey Cushing Treated the First Known Patient with Carney Complex," *Journal of the Endocrine Society* 1, no. 10 (2017): 1312–21.

第4章　杀人激素：呈堂证供

Details of the murder and the trial are drawn from Simon Baatz, *For the Thrill of It: Leopold, Loeb, and the Murder that Shocked Chicago* (New York: Harper, 2008); Hal Higdon, *Leopold and Loeb: The Crime of the Century* (Champaign, IL: University of Illinois Press, 1999), and excerpts of the trial proceedings available at Famous Trials, a website of the University of Missouri–Kansas City School of Law (http://famous-trials.com/leopoldandloeb) and in the archives of Northwestern University Library (http://exhibits.library.northwestern.edu/archives/exhibits/leoloeb/index.html). An overview of endocrinology in the 1920s was provided by Julia Ellen Rechter, "The Glands of Destiny: A History of Popular, Medical and Scientific Views of Sex Hormones in 1920s America," PhD thesis, University of California Berkeley, 1997. For background on Louis Berman, I relied on Christer Nordlund, "Endocrinology and Expectations in 1930s America," *British Journal for the History of Science* 40, no. 1 (2007): 83–104.

56　**inspire four films:** Kathleen Drowne and Patrick Huber, *The 1920s* (Westport, CT: Greenwood, 2004), 25.

56　**Advice books touting endocrine cures:** "Credulity About Medicines," *Manchester Guardian*, October 8, 1925; Elizabeth Siegel Watkins, *The Estrogen*

Elixir: A History of Hormone Replacement Therapy in America (Baltimore: Johns Hopkins University Press, 2007).

56 **The pituitary was shown to release hormones:** H. Maurice Goodman, "Essays on APS Classical Papers: Discovery of Luteinizing Hormone of the Anterior Pituitary Gland," *American Journal of Physiology, Endocrinology and Metabolism* 287 (2004): E818–29.

57 **When we see misshapen:** R. G. Hoskins, "The Functions of the Endocrine Organs," *Scientific Monthly* 18, no. 3 (1924): 257–72.

58 **In the Ottoman Empire:** Richard J. Wassersug and Tucker Lieberman, "Contemporary Castration: Why the Modern Day Eunuch Remains Invisible," *British Medical Journal* 341 (2010): c4509.

58 **"Here, then . . . nervous influences":** Walter Cannon, *Bodily Changes in Pain, Hunger, Fear, and Rage* (Charleston, SC: Nabu Press, 2010), 64.

59 **"Is it possible":** Elizabeth M. Heath, "Glands as Cause of Many Crimes," *New York Times*, December 4, 1921.

59 **"Accumulating information":** Louis Berman, "Psycho-endocrinology," *Science* 67, no. 1729 (1928): 195.

60 **"My dear Rabbi Ben Ezra":** Louis Berman to Ezra Pound, "Ezra Pound Papers 1885–1976," 1925–1926, Yale Collection of American Literature, Beinecke Rare Book and Manuscript Library, YCAL MSS 43.

60 **"adrenal-centered":** Louis Berman, *The Glands Regulating Personality: A Study of Internal Secretion in Relation to the Types of Human Nature*, 2nd ed. (New York: Macmillan, 1928), 165.

60 **"will also be aggressive":** Ibid., 171.

61 **"ideal normal":** Louis Berman, *New Creations in Human Beings* (New York: Doubleday, Doran, 1938), 18.

61 **"We will be able . . . 'ideal type'":** "16-Foot Men Held a Gland Possibility," *New York Times*, December 16, 1931.

61 **in the 1920s:** Drowne and Huber, *The 1920s*, 25.

62 **Berman wasn't the only one:** Watkins, *The Estrogen Elixir*, 140; G. W. Carnrick and Co., *Organotherapy in General Practice* (Baltimore: The Lord Baltimore Press, 1924).

62 **"We are the creatures":** Chandak Sengoopta, *The Most Secret Quintessence of Life: Sex, Glands, and Hormones 1850–1950* (Chicago: University of Chicago Press, 2006), 70.

62 **"Thyroxin, parathyroid":** Louis Berman, "Crime and the Endocrine Glands," *American Journal of Psychiatry* 89, no. 2 (1932): 215–38.

63 **"should be taken with a considerable dose":** Francis Birrell, "Book Review: The Glands Regulating Personality by Louis Berman," *International Journal of Ethics* 32, no. 4 (1922): 450–51.

63 **"mixture of fact":** Elmer L. Severinghaus, "Review," *American Sociological Review* 4, no. 1 (1939): 144–45.

63 **"For a clearer and illuminating account":** Margaret Sanger, *The Pivot of Civilization* (New York: Brentano's, 1922), 236.

63 **"Every truth needs men":** H. L. Mencken, "Turning the Leaves with G.S.V.: A Trumpeter of Science," *American Monthly* 17, no. 6 (1925).

63 **"fact mixed with fancy":** Benjamin Harrow, *Glands in Health and Disease* (New York: E. P. Dutton, 1922).

63 **The Second International Congress on Eugenics:** Charles Benedict Davenport, "Research in Eugenics," in Charles B. Davenport et al., eds., *Scientific Papers of the Second International Congress of Eugenics*, vol. 1: *Eugenics, Genetics, and the Family* (1923): 25.

64 **Dr. Sadler told colleagues:** William S. Sadler, "Endocrines, Defective Germ-Plasm, and Hereditary Defectiveness," in ibid., 349.

64 ***Buck v. Bell:*** Buck v. Bell, 274 U.S. 200 (1927), available at: https://supreme.justia.com/cases/federal/us/274/200/case.html.

64 **"We may now look forward":** Berman, *The Glands Regulating Personality*, 28.

64 **"Christianity is dead":** Louis Berman, *The Religion Called Behaviorism* (New York: Boni and Liveright, 1927), 41.

65 **three-year investigation . . . in Sing-Sing:** Berman, "Crime and the Endocrine Glands"; W. H. Howell, "Crime and Disturbed Endocrine Function," *Science* 76, no. 1974 (1932): 8–9.

65 **presented his findings:** Berman, "Crime and the Endocrine Glands."

65 **"Every criminal should be examined":** Ibid., 233.

66 **metabolimeter:;** Frank Berry Sanborn, ed., *Basal Metabolism, Its Determination and Application* (Boston: Sanborn, 1922), 104.

67 **"These are methods":** Berman, "Crime and the Endocrine Glands," 10.

68 **"infantile emotional characteristics":** "Excerpts from the Psychiatric ('Alienist') Testimony in the Leopold Loeb Hearing," http://famous-trials.com/leopoldandloeb/1752-psychiatrictestimony.

68 **Harold Hulbert:** The trial proceedings can be accessed in the Clarence Darrow Digital Collection, University of Minnesota Law Library, http://moses.law.umn.edu/darrow/trials.php?tid=1.

69 **Bowman–Hulbert report:** Karl Bowman and Harold S. Hulbert, "Nathan Leopold Psychiatric Statement," available at http://exhibits.library.northwestern.edu/archives/exhibits/leoloeb/leopold_psych_statement.pdf and in "Loeb–Leopold Case: Psychiatrists' Report for the Defense," *Journal of Criminal Law and Criminology* 15, no. 3 (1925): 360–78. "Loeb–Leopold Murder of Franks in Chicago May 21, 1924," ibid., 347–59, gives the chronology of events.

69 **"third eye":** Gert-Jan Lokhorst, "Descartes and the Pineal Gland," in *The Stanford Encyclopedia of Philosophy* (2015), https://plato.stanford.edu/entries/pineal-gland/; Mark S. Morrisson, "'Their Pineal Glands Aglow': Theosophical Physiology in 'Ulysses'," *James Joyce Quarterly* 46, no. 3–4 (2008), 509–27.

70 **"remove the ordinary restraint"**: Edward Tenner, "The Original Natural Born Killers," *Nautilus*, September 11, 2014.

70 **"the so-called trial"**: Higdon, *Leopold and Loeb*, 164.

70 **"in their applicability"**: Judge Caverly's decision and sentence available at: http://famous-trials.com/leopoldandloeb/1747-judgedecision.

第5章　性激素：返老还童

I have drawn from Nordlund, "Endocrinology and Expectations in 1930s America," Rechter, "The Glands of Destiny," and Sengoopta, *The Most Secret Quintessence of Life*, for background information on hormone research in the 1920s and 1930s. Details on Steinach are drawn from Eugen Steinach, *Sex and Life: Forty Years of Biological Experiments* (New York: Viking, 1940), and Chandak Sengoopta, "Tales from the Vienna Labs: The Eugen Steinach–Harry Benjamin Correspondence," *Newsletter of the Friends of the Rare Book Room, New York Academy of Medicine*, no. 2 (Spring, 2000): 1–2, 5–9. More information about John Brinkley can be found in R. Alton Lee, *The Bizarre Careers of John R. Brinkley* (Lexington: University Press of Kentucky, 2002), and Pope Brock, *Charlatan: America's Most Dangerous Huckster, the Man Who Pursued Him, and the Age of Flimflam* (New York: Broadway Books, 2009). For more on Charles Édouard Brown–Séquard, see Aminoff, *Brown-Séquard*.

73 **without Steinach in the operating room**: Michael A. Kozminski and David A. Bloom, "A Brief History of Rejuvenation Operations," *Journal of Urology* 187, no. 3 (2012): 1130–34.

73 **questionable procedures**: "Paris Scientist Tells of Gland Experiments," *Los Angeles Times*, June 5, 1923; "New Ponce De Leon Coming," *Baltimore Sun*, September 16, 1923; "Gland Treatment Spreads in America," *New York Times*, April 8, 1923.

74 **"Much of it the result"**: Hans Lisser to Dr. Cushing, July 19, 1921, in Yale University Medical School archives, HC Reprints X, no. 156.

74 **considered a proper scientist**: See https://www.nobelprize.org/nomina tion/archive/show_people.php?id=8765.

75 **theories that had been bandied about for centuries**: Kozminski and Bloom, "A Brief History of Rejuvenation Operations." The rationale for Steinach's procedure is also provided in E. Steinach, "Biological Methods Against the Process of Old Age," *Medical Journal and Record* 125, no. 2345 (1927): 78–81, 161–64.

75 **"fantastic experiments"**: Steinach, *Sex and Life*, 49.

75 **"must be regarded"**: Ibid., 49–50.

75 *the* **treatment du jour**: "Elixir of Life: The Brown-Sequard Discovery," *Aroha and Ohinemu News and Upper Thames Advocate*, September 25, 1889.

76 **"revived my creative power"**: Chandak Sengoopta, "Glandular Politics: Experimental Biology, Clinical Medicine, and Homosexual Emancipation in Fin-de-Siècle Central Europe," *Isis* 89, no. 3 (1998): 445–73; Chandak

Sengoopta, "'Dr Steinach coming to make old young!': Sex Glands, Vasectomy and the Quest for Rejuvenation in the Roaring Twenties," *Endeavour* 27, no. 3 (2003): 122–26.

76 **"my memory is better":** Steinach and Loebel, *Sex and Life*, 173.

76 **Self-help books sold wildly:** Drowne and Huber, *The 1920s*; Michael Pettit, "Becoming Glandular: Endocrinology, Mass Culture, and Experimental Lives in the Interwar Age," *American Historical Review* 118, no. 4 (2013): 1052–76.

77 **"technology of the self":** Pettit, "Becoming Glandular," 5.

77 **Steinach had not set out to devise a blockbuster:** Laura Davidow Hirschbein, "The Glandular Solution: Sex, Masculinity, and Aging in the 1920s," *Journal of the History of Sexuality* 9, no. 3 (2000): 277–304.

77 **study of frog sex:** Sengoopta, *The Most Secret Quintessence of Life*, 57.

78 **"But it seemed to me," "what I actually saw":** Steinach and Loebel, *Sex and Life*, 16.

79 **"the whole complicated phenomenon":** Ibid., 3.

79 **"Everyone knows":** Ibid., 39.

80 **testicles work no matter where they dangle:** Per Södersten et al., "Eugen Steinach: The First Neuroendocrinologist," *Endocrinology* 155, no. 3 (2014): 688–95.

80 **"All the male rats":** Steinach and Loebel, *Sex and Life*, 30.

81 **"Without hesitation":** Ibid., 32.

82 **"with the same care . . . definitely male":** Ibid., 64.

82 **"erotization":** Steinach titles a chapter of *Sex and Life* "Experiments in Explanation and Erotization," and writes, "I have coined the expression 'erotization of the central nervous system' or 'erotization'" (30).

82 **"The most important decision":** Ibid., 71.

83 **Karl Kraus:** Christopher Turner, "Vasectomania, and Other Cures for Sloth," *Cabinet*, no. 29: Spring 2008.

83 **pseudo-homosexual behavior:** Sengoopta, *The Most Secret Quintessence of Life*, 80.

83 **the adjacent tissue would overcompensate:** Kozminski and Bloom, "A Brief History of Rejuvenation Operations."

84 **His patient was Anton W.:** Stephen Lock, "'O That I Were Young Again': Yeats and the Steinach Operation," *British Medical Journal* (Clinical Research Edition) 287, no. 6409 (1983): 1964–68.

84 **"extraordinary improvement":** Steinach and Loebel, *Sex and Life*, 178.

85 **Journalists loved the story:** "Gland Treatment Spreads in America," *New York Times*, April 8, 1923; "New Ponce De Leon Coming," *Baltimore Sun*, September 16, 1923.

85 **"We have been Voronoffed":** Van Buren Thorne, "The Craze for Rejuvenation," *New York Times*, June 4, 1922.

85 **"hocus pocus":** Morris Fishbein, *Fads and Quackery in Healing: An Analysis of the Foibles of the Healing Cults, With Essays on Various Other Peculiar Notions in the Health Field* (New York: Covici, Friede, 1932).

87　**"How I was Made Twenty Years Younger":** Angus McLaren, *Reproduction by Design* (Chicago: University of Chicago Press, 2012), 85–86; Van Buren Thorne, "Dr. Steinach and Rejuvenation," *New York Times*, June 26, 1921.

87　**"some disharmony":** McLaren, *Reproduction by Design*, 86.

88　**created the market for hormone-based rejuvenation:** Södersten et al., "Eugen Steinach."

88　**plenty of serious science:** E. C. Hamblen, "Clinical Experience with Follicular and Hypophyseal Hormones," *Endocrinology* 15, no. 3 (1931): 184–94; Michael J. O'Dowd and Elliot E. Phillips, "Hormones and the Menstrual Cycle," *The History of Obstetrics and Gynaecology* (New York: Pantheon, 1994), 255–75.

第6章　孕激素：神医侠侣

This chapter is based on extensive interviews with Dr. Howard W. Jones, Jr., his children, and his colleagues, including the Joneses' longtime assistant Nancy Garcia; Mary F. Davies, president of the Jones Foundation; Dr. Edward Wallach, professor emeritus of gynecology and obstetrics, Johns Hopkins University School of Medicine; Dr. Alan DeCherney, senior investigator in reproductive endocrinology and science, National Institutes of Health; Dr. Claude Migeon, pediatric endocrinologist, Johns Hopkins University School of Medicine; and Dr. Robert Blizzard, professor emeritus of pediatric endocrinology, University of Virginia. I read through Dr. Jones's personal archive, which includes photographs, correspondence, publications, and unpublished memoirs, and consulted the papers of Arthur Hertig, the Harvard professor of pathology whose lab provided the placenta that led to Georgeanna Jones's discovery (kindly made available by his son Andrew Hertig).

90　**"I, of course, thought":** Howard W. Jones, Jr., life story, Jones archive.

92　**recently published medical book:** Edgar Allen, ed., *Sex and Internal Secretions: A Survey of Recent Research* (Baltimore: Williams and Wilkins, 1932).

94　**the A–Z test was the pregnancy test:** Henry W. Louria and Maxwell Rosenzweig, "The Aschheim–Zondek Hormone Test for Pregnancy," *Journal of the American Medical Association* 91, no. 25 (1928): 1988; "Aschheim and Zondek's Test for Pregnancy," *British Medical Journal* (1929): 232C; "The Zondek–Aschheim Test for Pregnancy," *Canadian Medical Association Journal* 22, no. 2 (1930): 251–53; George H. Morrison, "Zondek and Aschheim Test for Pregnancy," *Lancet* 215, no. 5551 (1930): 161–62.

95　**Earl Engle:** Howard W. Jones, Jr., "Chorionic Gonadotropin: A Narrative of Its Identification and Origin and the Role of Georgeanna Seegar Jones," *Obstetrical and Gynecological Survey* 62, no. 1 (2007): 1–3.

95　**in the placenta as well:** Ibid.

96　**A do-it-yourself kind of person:** Michael Rogers, "The Double-Edged Helix,"

Rolling Stone, March 25, 1976; Rebecca Skloot, *The Immortal Life of Henrietta Lacks* (New York: Crown Publishers, 2010); Jane Maienschein, Marie Glitz, Garland E. Allen, eds., *Centennial History of the Carnegie Institution of Washington*, vol. 5 (Cambridge, UK: Cambridge University Press, 2005), 143.

96　**The movement pushed the cells:** Andrew Artenstein, ed., *Vaccines: A Biography* (New York: Springer, 2010), 152.

96　**Pulses of carbon dioxide:** Duncan Wilson, *Tissue Culture in Science and Society: The Public Life of a Biological Technique in Twentieth-Century Britain* (London: Palgrave Macmillan, 2011), 60.

98　**not the pituitary:** Jones, "Chorionic Gonadotropin."

98　**The letter was published:** George Gey, G. Emory Seegar, and Louis M. Hellman, "The Production of a Gonadotrophic Substance (Prolan) by Placental Cells in Tissue Culture," *Science* 88, no. 2283 (1938): 306–7. For a history of the experiment, see Jones, "Chorionic Gonadotropin."

99　**"Georgeanna is the most important":** Dr. Howard W. Jones, Jr., author interview.

100　**One patient remembered her:** Frances Neal to Howard W. Jones, Jr., condolence card, 2005, Jones archive.

第 7 章　制造性别：间性人的困境

This chapter is based on extensive interviews with Bo Laurent, who shared her medical records with me, and with Dr. Arlene Baratz, physician and medical advisor to the Androgen Insensitivity Support Group; Dr. Katie Baratz, psychiatrist; Georgiann Davis, assistant professor of sociology, University of Nevada; and several other people who talked about how intersexuality affected their lives, as well as with endocrinologists who cared for intersex patients both in the 1950s and today. I had access to medical records (with names redacted) from the care of intersex children at Columbia University in the 1930s and 1940s, to the papers of John Money at the Kinsey Institute, and to notes from meetings about intersex children in the personal archives of Dr. Howard W. Jones, Jr. I interviewed experts including Dr. Claude Migeon and Dr. Howard W. Jones, Jr., of Johns Hopkins and David Sandberg, PhD, clinical psychologist, University of Michigan; and the historians Dr. Sandra Eder, assistant professor, University of California, Berkeley, Dr. Elizabeth Reis, professor, Macaulay Honors College, City University of New York, and Dr. Katrina Karkazis, senior research scholar, Center for Biomedical Ethics, Stanford University. Further background information comes from: Alice Dreger, *Hermaphrodites and the Medical Invention of Sex* (Cambridge, MA: Harvard University Press: 1998); Alice Dreger, *Intersex in the Age of Ethics* (Hagerstown, MD: University Publishing Group, 1999); Katrina Karkazis, *Fixing Sex: Intersex, Medical Authority, and Lived Experience* (Durham, NC: Duke University Press, 2008); Elizabeth Reis, *Bodies in Doubt: An American History of Intersex* (Baltimore: Johns Hopkins University Press, 2009); Sandra

Eder, "The Birth of Gender: Clinical Encounters with Hermaphroditic Children at Johns Hopkins (1940–1956)," PhD thesis in the history of medicine, Johns Hopkins University, 2011; Suzanne J. Kessler, *Lessons from the Intersexed* (New Brunswick, NJ: Rutgers University Press: 2002); Georgiann Davis, *Contesting Intersex: The Dubious Diagnosis* (New York: New York University Press, 2015); Hida Viloria, *Born Both: An Intersex Life* (New York: Hachette, 2017); Thea Hillman, *Intersex (for lack of a better word)* (San Francisco: Manic D Press, 2008); and Cheryl Chase, "Hermaphrodites with Attitude: Mapping the Emergence of Intersex Political Activism," *GLQ: A Journal of Lesbian and Gay Studies* 4, no. 2 (1998): 189–211.

108 **"The last decade has witnessed":** Howard W. Jones, Jr., and Lawson Wilkins, "Gynecological Operations in 94 patients with Intersexuality: Implications Concerning the Endocrine Theory of Sexual Differentiation," *American Journal of Obstetrics and Gynecology* 82, no. 5 (1961): 1142–53.

109 **Hermaphroditus:** Howard W. Jones, Jr., and William Wallace Scott, *Hermaphroditism, Genital Anomalies and Related Endocrine Disorders* (Baltimore: Williams and Wilkins, 1958); Anne Fausto-Sterling, "The Five Sexes," *Sciences* 33, no. 2 (1993): 20–24.

110 **Today, ambiguous genitalia:** M. Blackless et al., "How Sexually Dimorphic Are We? Review and Synthesis," *American Journal of Human Biology* 12, no. 2 (2000): 151–66; Gerald Callahan, *Between XX and XY: Intersexuality and the Myth of Two Sexes* (Chicago: Chicago Review Press, 2009); Diane K. Wherrett, "Approach to the Infant with a Suspected Disorder of Sex Development," *Pediatric Clinics of North America* 62, no. 4 (2015): 983–99.

110 **"Every zygote":** Edgar Allen, ed., *Sex and Internal Secretions: A Survey of Recent Research* (Baltimore: Williams and Wilkins, 1932), 5.

111 **anti-Mullerian hormone:** N. Josso, "Professor Alfred Jost: The Builder of Modern Sex Differentiation," *Sexual Development* 2, no. 2 (2008): 55–63.

111 **femaleness may not be merely a default:** Rebecca Jordan-Young, *Brain Storm: The Flaws in the Science of Sex Difference* (Cambridge, MA: Harvard University Press, 2010), 25.

111 **females are created by a passive process:** H. H. Yao, "The Pathway to Femaleness: Current Knowledge on Embryonic Development of the Ovary," *Molecular and Cellular Endocrinology* 230, no. 1–2 (2005): 87–93.

112 **a study showing that cortisone helped children:** Howard W. Jones, Jr., and Georgeanna E. S. Jones, "The Gynecological Aspects of Adrenal Hyperplasia and Allied Disorders," *American Journal of Obstetrics and Gynecology* 68, no. 5 (1954): 1330–65.

113 **"therapeutic tour de force":** Paul Gyorgy et al., "Inter-University Round Table Conference by the Medical Faculties of the University of Pennsylvania and Johns Hopkins University: Psychological Aspects of the Sexual

Orientation of the Child with Particular Reference to the Problem of Intersexuality," *Journal of Pediatrics* 47, no. 6 (1955): 771–90.

113 **John Money:** Secondary sources include Terry Goldie, *The Man Who Invented Gender: Engaging Ideas of John Money* (Vancouver: UBC Press, 2014); Karkazis, *Fixing Sex*; and John Money, "Intersexual Problems," in Kenneth Ryan and Robert Kistner, eds., *Clinical Obstetrics and Gynecology* (Baltimore: Harper & Row, 1973).

113 **"fuckology":** Iain Morland, "Pervert or Sexual Libertarian? Meet John Money, 'the father of f*ology,'" *Salon*, January 4, 2014; also see Lisa Downing, Iain Morland, and Nikki Sullivan, *Fuckology* (Chicago: Chicago University Press: 2015).

113 **"There have been many illustrious":** Richard Green and John Money, "Effeminacy in Prepubertal Boys," *Pediatrics* 27, no. 286 (1961): 286–91.

114 **widely publicized court case:** Testimony of Dr. John William Money in Joseph Acanfora III v. Board of Education of Montgomery County, Montgomery County Public Schools, U.S. District Court for the District of Maryland – 359 F. Supp. 843 (1973).

114 **panel about sexuality sponsored by *Playboy*:** "New Sexual Lifestyles: A symposium on emerging behavior patterns from open marriage to group sex," *Playboy*, September 1973.

114 **seven criteria:** Howard W. Jones, Jr., "Hermaphroditism," *Progress in Gynecology* 3 (1957): 35–49; Lawson Wilkins et al., "Masculinization of the Female Fetus Associated with Administration of Oral and Intramuscular Progestins During Gestation: Non-Adrenal Female Pseudohermaphrodism," *Journal of Clinical Endocrinology and Metabolism* 18, no. 6 (1958): 559–85.

115 **"By gender role":** John Money et al., "An Examination of Some Basic Sexual Concepts: The Evidence of Human Hermaphroditism," *Bulletin of the Johns Hopkins Hospital* 97, no. 4 (1955): 301–19.

116 **importance of how a child is raised:** Karkazis, *Fixing Sex.*

116 **"There doesn't seem to be any doubt":** Dr. Joan Hampson, minutes from an American Urological Association meeting, 1956, Jones archive.

117 **condemn the practice:** Associated Press, "Pressure Mounts to Curtail Surgery on Intersex Children," *New York Times*, July 25, 2017.

117 **"bold articles were unusual":** Reis, *Bodies in Doubt*, 177.

117 **"I thought he was smart":** Dr. Milton Diamond, author interview.

117 **scathing scientific article:** Milton Diamond and H. Keith Sigmundson, "Sex Reassignment at Birth: A Long Term Review and Clinical Implications," *Archives of Pediatrics and Adolescent Medicine* 151, no. 3 (1997): 298–304.

117 **an exposé:** John Colapinto, "The true story of John/Joan," *Rolling Stone* 775 (1997): 54-73, 97; John Colapinto, *As Nature Made Him: The Boy who Was Raised as a Girl* (New York: Harper Perennial, 2000).

118 **"a nuanced analysis":** Karkazis, *Fixing Sex*, 47.

120 **read up on sexuality and gender anatomy:** C. H. Phoenix et al., "Organizing Action of Prenatally Administered Testosterone Propionate on the Tis-

sues Mediating Mating Behavior in the Female Guinea Pig," *Endocrinology* 65, no. 3 (1959): 369–82.

120 **DES:** Randi Hutter Epstein, *Get Me Out: A History of Childbirth from the Garden of Eden to the Sperm Bank* (New York: W. W. Norton, 2010).

121 **In 1993, Anne Fausto-Sterling:** Fausto-Sterling, "The Five Sexes."

121 **eradicate the label "hermaphrodite":** J. M. Morris, "Intersexuality," *Journal of the American Medical Association* 163, no. 7 (1957): 538–42; Robert B. Edgerton, "Pokot Intersexuality: An East African Example of the Resolution of Sexual Incongruity," *American Anthropologist* 66, no. 6 (1964): 1288–99; John Money, "Psychologic Evaluation of the Child with Intersex Problems," *Pediatrics* 36, no. 1 (1965): 51–55; Cheryl Chase, "Letters from Readers," *The Sciences* 33, no. 3 (1993).

123 **doctors are encouraged to speak openly:** Jennifer E. Dayner et al., "Medical Treatment of Intersex: Parental Perspectives," *Journal of Urology* 172, no. 4 (2004): 1762–65.

123 **in 2013 Swiss and German researchers:** Jürg C. Streuli et al., "Shaping Parents: Impact of Contrasting Professional Counseling on Parents' Decision Making for Children with Disorders of Sex Development," *Journal of Sexual Medicine* 10, no. 8 (2013): 1953–60.

124 **"It's true that people":** Bo Laurent, author interview.

第8章 生长激素，如何才能长高

This chapter was based on extensive interviews with Dr. Al and Barbara Balaban, along with newspaper clippings which they generously shared with me, and interviews with Dr. Robert Blizzard, professor emeritus of pediatric endocrinology, University of Virginia; Dr. Albert Parlow, professor of hormone biochemistry, LA BioMed; Dr. Michael Aminoff, director of the Parkinson's Disease and Movement Disorders Clinic, University of California San Francisco; and Carol Hintz, the widow of Dr. Raymond Hintz. A thorough overview of the history of growth hormone treatment can be found in Stephen Hall, *Size Matters: How Height Affects the Health, Happiness, and Success of Boys—and the Men They Become* (New York: Houghton Mifflin Harcourt, 2006), Susan Cohen and Christine Cosgrove, *Normal at Any Cost: Tall Girls, Short Boys, and the Medical Industry's Quest to Manipulate Height* (New York: Jeremy P. Tarcher/Penguin, 2009), and Aimee Medeiros, *Heightened Expectations* (Tuscaloosa: University of Alabama Press, 2016), based on her PhD thesis in the history of health sciences, University of California San Francisco, 2012, which I consulted. Aurelia Minutia and Jennifer Yee shared information about Dr. Edna Sobel.

128 **Anthropologists have theorized:** Ron G. Rosenfeld, "Endocrine Control of Growth," in Noël Cameron and Barry Bogin, eds., *Human Growth and Development*, 2nd ed. (New York: Elsevier, 2012).

129 **a hormone could "cure" shortness:** Melvin Grumbach, "Herbert McLean

Evans, Revolutionary in Modern Endocrinology: A Tale of Great Expectations," *Journal of Clinical Endocrinology and Metabolism* 55, no. 6 (1982): 1240–47.

129 **Dr. Oscar Riddle:** "Scientist Predicts Pituitary Treatment Will Overcome the 'Inferiority Complex,'" *New York Times*, August 2, 1937.

129 **"life of hellish dwarfism":** Medeiros, "Heightened Expectations" (PhD thesis), 152.

129 **immaturity and insecurity:** Sheila Rothman and David Rothman, *The Pursuit of Perfection: The Promise and Perils of Medical Enhancement* (New York: Pantheon, 2003), 173.

129 **"The combination of endocrinology":** Ibid., 174.

130 **stories about growth hormone breakthroughs:** "Hormone to Aid Growth Isolated, But It Is Too Costly for Wide Use," *New York Times*, March 8, 1944; "What Scientists Are Doing," *New York Herald Tribune*, March 19, 1944; Choh Hao Li and Herbert Evans, "The Isolation of Pituitary Growth Hormone," *Science* 99, no. 2566 (1944): 183–84.

130 **In 1958, newspapers wrote about a cure:** Earl Ubell, "Hormone Makes Dwarf Grow: May Also Offer Clues in Cancer, Obesity, Aging," *New York Herald Tribune*, March 29, 1958; Earl Ubell, "Hormones Now May Be Tailor-Made," *New York Herald Tribune*, May 10, 1959.

132 **testosterone didn't increase growth:** Edna Sobel et al., "The Use of Methyltestosterone to Stimulate Growth: Relative Influence on Skeletal Maturation and Linear Growth," *Journal of Clinical Endocrinology and Metabolism* 16, no. 2 (1956): 241–48.

136 **The Evans–Li study:** Li and Evans, "The Isolation of Pituitary Growth Hormone."

137 **Dr. Maurice Raben:** M. S. Raben, "Letters to the Editor: Treatment of a Pituitary Dwarf with Human Growth Hormone," *Journal of Clinical Endocrinology and Metabolism* 18, no. 8 (1958): 901–3.

137 **"Hormone Makes Dwarf Grow":** Earl Ubell, "Hormone Makes Dwarf Grow," *New York Herald Tribune*, March 29, 1958.

137 **"won't produce basketball players":** Alton L. Blakeslee, "Stimulant Found in Pituitary Powder: Growth Hormone Isolated: Found Capable of Inducing Added Height in Children Dwarfed by Natural Causes," *Pittsburgh Post-Gazette*, March 29, 1958.

140 **half-gallon milk container:** Dr. Salvatore Raiti, author interview.

145 **publicize their cause:** Rothman and Rothman, *The Pursuit of Perfection*, 171.

145 **"otherwise, it would have been jungle warfare":** Podine Schoenberger, "Pilot Honored by Pathologists," *New Orleans Times-Picayune*, March 26, 1968.

145 **The agency also issued guidelines:** Ibid.

145 **natural, safer choice:** Robert Blizzard, "History of Growth Hormone Therapy," *Indian Journal of Pediatrics* 79, no. 1 (2012): 87–91.

146 **"We Can End Dwarfism":** Medeiros, "Heightened Expectations" (PhD thesis), 166.

第9章　甲状腺素：微不可测

Dr. Thomas Foley, professor of pediatric endocrinology, University of Pittsburgh, provided background on thyroid history. Details of Rosalyn Yalow's life are drawn from *Rosalyn Yalow, Nobel Laureate: Her Life and Work in Medicine* (New York: Basic Books, 1998) by a former student turned colleague and family friend, Dr. Eugene Straus. I also interviewed several of Dr. Yalow's colleagues, as well as her children, and viewed home video clips of Yalow, events in her honor, and memorial events.

150　**"bear down":** Straus, *Rosalyn Yalow*, 46.
150　**"They had to have a war":** Ibid., 34.
151　**"She pushed me":** Mildred Dresselhaus, home video of a memorial service, Yalow archive.
152　**janitor's closet into a laboratory:** "Rosalyn Yalow and Solomon Berson," Chemical Heritage Foundation, August 13, 2015, https://www.sciencehistory.org/historical-profile/rosalyn-yalow-and-solomon-a-berson.
154　**The article was published in 1956:** S. A. Berson and R. S. Yalow et al., "Insulin-I^{131} Metabolism in Human Subjects: Demonstration of Insulin Binding Globulin in the Circulation of Insulin-Treated Subjects," *Journal of Clinical Investigation* 35 (1956): 170–90.
156　**a 1960 article:** Rosalyn S. Yalow and Solomon A. Berson, "Immunoassay of Endogenous Plasma Insulin in Man," *Journal of Clinical Investigation* 39, no. 7 (1960): 1157–75.
158　**"Fortunately, that is not difficult":** Ruth H. Howes, "Rosalyn Sussman Yalow (1921–2011)," American Physical Society Sites: Forum on Physics and Society, 2015.
158　**"Initially . . . new ideas are rejected":** Endocrine Society Staff, "In Memoriam: Dr. Rosalyn Yalow, PhD, 1921–2011," *Molecular Endocrinology* 26, no. 5 (2012): 713–14.
158　**She died on May 30, 2011:** Denise Gellene, "Rosalyn S. Yalow, Nobel Medical Physicist, Dies at 89," *New York Times*, June 1, 2011.

第10章　激素提纯：成长之痛

Background details are drawn from Jennifer Cooke, *Cannibals, Cows and the CJD Catastrophe* (Sydney: Random House Australia, 1998). I also relied on Susan Cohen and Christine Cosgrove, *Normal at Any Cost: Tall Girls, Short Boys, and the Medical Industry's Quest to Manipulate Height* (New York: Jeremy P. Tarcher/Penguin, 2009). This book covers growth hormone, and also provides a history of giving estrogen to stunt the growth of girls considered too tall. I conducted many interviews with growth hormone patients, FDA officials, and doctors familiar with the tragedy and the biology of CJD, including Carol Hintz (the widow of Dr. Raymond Hintz); Dr. Michael Aminoff; Dr. Robert Blizzard; Dr. Albert

Parlow; Dr. Robert Rohwer, associate professor of neurology, University of Maryland; Dr. Paul Brown, senior investigator, National Institutes of Health; Dr. Alan Dickinson, founder of the neuropathogen unit, University of Edinburgh; and Dr. Judith Fradkin, director of the division of diabetes, endocrinology, and metabolic diseases, National Institutes of Health. The journalist Emily Green generously shared not only her coverage of the growth hormone–CJD story in the U.K. but her sources as well. Nicholas Smith, a former student of mine, translated the French newspapers into English for me.

160 **Joey Rodriguez:** Thomas Koch et al., "Creutzfeldt-Jakob Disease in a Young Adult with Idiopathic Hypopituitarism: Possible Relation to the Administration of Cadaveric Human Growth Hormone," *New England Journal of Medicine* 313, no. 12 (1985): 731–33.

161 **"didn't need to go for a spin":** Cooke, *Cannibals, Cows and the CJD Catastrophe*, 110.

167 **"The effect of the new information":** Paul Brown, "Reflections on a Half-Century in the Field of Transmissible Spongiform Encephalopathy," *Folia Neuropathologica* 47, no. 2 (2009): 95–103.

167 **"Only Genentech is not in mourning":** Paul Brown et al., "Potential Epidemic of Creutzfeldt-Jakob Disease from Human Growth Hormone Therapy," *New England Journal of Medicine* 313, no. 12 (1985): 728–31; Paul Brown, "Human Growth Hormone Therapy and Creutzfeldt-Jakob Disease: A Drama in Three Acts," *Pediatrics* 81 (1988): 85–92; Paul Brown, "Iatrogenic Creutzfeldt-Jakob Disease," *Neurology* 67, no. 3 (2006): 389–93.

170 **"Once a year—tops":** David Davis, "Growing Pains," *LA Weekly*, March 21, 1997.

171 **appeared to confirm Parlow's fears:** Joseph Y. Abrams et al., "Lower Risk of Creutzfeldt-Jakob Disease in Pituitary Growth Hormone Recipients Initiating Treatment after 1977," *Journal of Clinical Endocrinology and Metabolism* 96, no. 10 (2011): E1666–69; Genevra Pittman, "Purified Growth Hormone Not Tied to Brain Disease," Reuters Health, August 19, 2011.

172 **33 confirmed deaths:** Dr. Larry Schonberger, Centers for Disease Control, email to author, October 24, 2017, and Christine Pearson, CDC spokesperson, email to author, October 5, 2017. The 33 deaths include one case related to hormone made by a pharmaceutical firm. Other potential cases have been reported, including the 2013 death of a child denied treatment by the U.S. government program because he didn't meet the height criteria who was given hormones from Europe, reported in Brian S. Appleby et al., "Iatrogenic Creutzfeldt-Jakob Disease from Commercial Cadaveric Human Growth Hormone," *Emerging Infectious Diseases* 19, no. 4 (2013): 682–84.

172 **In the U.K., 78 deaths:** Dr. Peter Rudge, email to author, October 4, 2017.

See also P. Rudge et al., "Iatrogenic CJD Due to Pituitary-Derived Growth Hormone with Genetically Determined Incubation Times of Up to 40 Years," *Brain* 138, no. 11 (2015): 3386–99.

172　**British courts ruled:** Emily Green, "A Wonder Drug That Carried the Seeds of Death," *Los Angeles Times*, May 21, 2000.

172　**a group of French families sued:** Several articles have been written about the French lawsuits. See Angelique Chrisafis, "French Doctors on Trial for CJD Deaths after Hormone 'Misuse,'" *Guardian*, February 6, 2008; Barbara Casassus, "INSERM Doubts Criminality in Growth Hormone Case," *Science* 307, no. 5716 (2005): 1711, and "Acquittals in CJD Trial Divide French Scientists," *Science* 323, no. 5913 (2009): 446; Pierre-Antoine Souchard and Verena Von Derschau, "6 Acquitted in French Trial over Hormone Deaths," Associated Press, in *San Diego Union-Tribune*, January 14, 2009.

第11章　激素替代疗法：绝经之谜

Mary Jane Minkin, clinical professor of obstetrics, gynecology, and reproductive services, Yale University, provided professional expertise on the subject of menopause. I also interviewed numerous researchers and clinicians, including Dr. Lila Nachtigall, professor of obstetrics and gynecology, New York University; Dr. Hugh Taylor, chief of obstetrics and gynecology, Yale University; Dr. Nanette Santoro, professor of obstetrics and gynecology, University of Colorado School of Medicine; and Cindy Pearson, executive director of the Women's Health Network. Several menopausal women were willing to speak openly about their symptoms, among them one woman—just one—who said she'd never felt better than when menopause hit.

174　**coauthored *Menopause*:** Charles B. Hammond et al., *Menopause: Evaluation, Treatment, and Health Concerns—Proceedings of a National Institutes of Health Symposium Held in Bethesda, Maryland, April 21–22, 1988* (New York: Alan R. Liss, 1989).

176　**"And the biological changes":** Helen E. Fisher, "Mighty Menopause," *New York Times*, October 21, 1992.

177　**symptoms linger for decades:** F. Kronenberg, "Menopausal Hot Flashes: A Review of Physiology and Biosociocultural Perspective on Methods of Assessment," *Journal of Nutrition* 140, no. 7 (2010): 1380s–85s.

177　**slipped into a few sitcoms:** Elizabeth Siegel Watkins, *The Estrogen Elixir: A History of Hormone Replacement Therapy in America* (Baltimore: Johns Hopkins University Press, 2007).

177　**A few NIH studies:** Ibid., 244; Nancy Krieger et al., "Hormone Replacement Therapy, Cancer, Controversies, and Women's Health: Historical, Epidemiological, Biological, Clinical, and Advocacy Perspectives," *Journal* *of Epidemiology and Community Health* 59, no. 9 (2005): 740–48; Watkins, *The Estrogen Elixir*, 244; A. Heyman et al., "Alzheimer's Disease: A Study of Epidemiological Aspects," *Annals of Neurology* 15, no. 4 (1984): 335–41; M. X. Tang et al., "Effect of Oestrogen During Menopause on Risk and Age at Onset of Alzheimer's Disease," *Lancet* 348, no. 9025 (1996): 429–32.

178 **Clues were beginning to emerge:** Margaret Morganroth Gullette, "What, Menopause Again?" *Ms.*, July 1993, 34; Nancy Fugate Woods, "Menopause: Models, Medicine, and Midlife," *Frontiers* 19, no. 1 (1998): 5–19.

178 **Dr. Robert Freedman:** Dr. Robert Freedman, author interview; Robert R. Freedman, "Biochemical, Metabolic, and Vascular Mechanisms in Menopausal Hot Flashes," *Fertility and Sterility* 70, no. 2 (1998): 332–37, and "Menopausal Hot Flashes: Mechanisms, Endocrinology, Treatment," *Journal of Steroid Biochemistry and Molecular Biology* 142 (2014): 115–20. See also Denise Grady, "Hot Flashes: Exploring the Mystery of Women's Thermal Chaos," *New York Times*, September 3, 2002.

180 **not yet known how they are connected:** Kronenberg, "Menopausal Hot Flashes."

180 **killer whales have hot flashes:** Lauren Brent, author interview; Lauren Brent et al., "Ecological Knowledge, Leadership, and the Evolution of Menopause in Killer Whales," editorial comment, *Obstetrical and Gynecological Survey* 70, no. 11 (2015): 701–2.

182 **she collected three brains:** Naomi Rance, author interview; Naomi E. Rance et al., "Modulation of Body Temperature and LH Secretion by Hypothalamic KNDy (kisspeptin, neurokinin B and dynorphin) Neurons: A Novel Hypothesis on the Mechanism of Hot Flushes," *Frontiers in Neuroendocrinology* 34, no. 3 (2013): 211–27; N. E. Rance et al., "Postmenopausal Hypertrophy of Neurons Expressing the Estrogen Receptor Gene in the Human Hypothalamus," *Journal of Clinical Endocrinology and Metabolism* 71, no. 1 (1990): 79–85.

182 **she studied six more brains:** N. E. Rance and W. S. Young III, "Hypertrophy and Increased Gene Expression of Neurons Containing Neurokinin-B and Substance-P Messenger Ribonucleic Acids in the Hypothalami of Postmenopausal Women," *Endocrinology* 128, no. 5 (1991): 2239–47. For a review of the Rance research, see Ty William Abel and Naomi Ellen Rance, "Stereologic Study of the Hypothalamic Infundibular Nucleus in Young and Older Women," *Journal of Comparative Neurology* 424, no. 4 (2000): 679–88.

182 **injections of neurokinin-B:** Channa Jayasena et al., "Neurokinin B Administration Induces Hot Flushes in Women," *Scientific Reports* 5, no. 8466 (2015).

183 **a drug that blocks neurokinin-B:** Julia K. Prague et al., "Neurokinin 3 Receptor Antagonism as a Novel Treatment for Menopausal Hot Flushes: A Phase 2, Randomised, Double-Blind, Placebo-Controlled Trial," *Lancet* 389, no. 10081 (May 2017): 1809–20. Articles on the potential new non-

hormone drug include Megan Cully, "Neurokinin 3 Receptor Antagonist Revival Heats Up with Astellas Acquisition," *Nature Reviews Drug Discovery* 16, no. 6 (2017): 377.

183 **another group of hormone researchers:** Heyman et al., "Alzheimer's Disease"; V. W. Henderson et al., "Estrogen Replacement Therapy in Older Women: Comparisons Between Alzheimer's Disease Cases and Nondemented Control Subjects," *Archives of Neurology* 51, no. 9 (1994): 896–900; Tang et al., "Effect of Oestrogen."

183 **white and upper-class:** Randall S. Stafford et al., "The Declining Impact of Race and Insurance Status on Hormone Replacement Therapy," *Menopause* 5, no. 3 (1998): 140–44; Watkins, *The Estrogen Elixir.*

183 **black women were 60 percent less likely:** Kate M. Brett and Jennifer H. Madans, "Differences in Use of Postmenopausal Hormone Replacement Therapy by Black and White Women," *Menopause* 4, no. 2 (1997): 66–76.

184 **data from more than 30,000 office visits:** Stafford et al., "The Declining Impact of Race and Insurance Status."

184 **a two-day conference in 2004:** Krieger et al., "Hormone Replacement Therapy, Cancer, Controversies, and Women's Health."

184 **"No woman can escape":** Robert Wilson, *Feminine Forever* (New York: Pocket Books, 1968), 52.

184 **funded by three drug companies:** Krieger et al., "Hormone Replacement Therapy, Cancer, Controversies, and Women's Health"; Judith Houck, *Hot and Bothered: Women, Medicine, and Menopause in Modern America* (Cambridge, MA: Harvard University Press, 2006).

186 **Prescriptions . . . nearly halved:** Krieger et al., "Hormone Replacement Therapy, Cancer, Controversies, and Women's Health."

187 **PEPI:** The Writing Group for the PEPI Trial, "Effects of estrogen or estrogen/progestin regimens on heart disease risk factors in postmenopausal women: The Postmenopausal Estrogen/Progestin Interventions (PEPI) Trial," *Journal of the American Medical Association* 273, no. 3 (1995): 199–208.

187 **Another massive study:** Meir J. Stampfer et al., "Postmenopausal Estrogen Therapy and Cardiovascular Disease," *New England Journal of Medicine* 325, no. 11 (1991): 756–62.

187 **buried among all the good news:** Watkins, *The Estrogen Elixir.*

188 **headlines shocked, scared, enraged:** R. D. Langer, "The Evidence Base for HRT: What Can We Believe?" *Climacteric* 20, no. 2 (2017): 91–96.

188 **"The goal of the WHI":** Dr. JoAnn Manson, author interview.

189 **Prescriptions fell by nearly half:** Krieger et al., "Hormone Replacement Therapy, Cancer, Controversies, and Women's Health."

189 **no difference in death rates:** J. E. Manson et al. for the WHI Investigators, "Menopausal Hormone Therapy and Long-Term All-Cause and Cause-Specific Mortality: The Women's Health Initiative Randomized

Trials," *Journal of the American Medical Association* 318, no. 10 (2017): 927–38.

189 **Manson told Reuters:** Lisa Rapaport, "Menopause Hormone Not Linked to Premature Death," Reuters Health, September 12, 2017.

190 **In 2010, a contaminated hormone:** Nanette Santoro et al., "Compounded Bioidentical Hormones in Endocrinology Practice: An Endocrine Society Scientific Statement," *Journal of Clinical Endocrinology and Metabolism* 101, no. 4 (2016): 1318–43.

190 **a journalist on assignment for *More*:** Cathryn Jakobson Ramin, "The Hormone Hoax Thousands Fall For," *More*, October 2013, 134–44, 156.

190 **North American Menopause Society:** North American Menopause Society, "The 2017 Hormone Therapy Position Statement of the North American Menopause Society," *Menopause* 24, no. 7 (2017): 728–53.

第12章　睾酮激素：永葆青春的灵药

John Hoberman, professor at the University of Texas and author of *Testosterone Dreams: Rejuvenation, Aphrodisia, Doping* (California: University of California Press, 2005), was more than helpful as I researched this chapter. I also interviewed several experts in the field who do basic research as well as working with patients: Dr. Alexander Pastuszak; Dr. Shalender Bhasin, director of the research program in men's health, Brigham and Women's Hospital; Dr. Joel Finkelstein, professor of medicine, Massachusetts General Hospital and Harvard Medical School; Dr. Mark Schoenberg, professor and university chair of urology, Montefiore Medical Center and Albert Einstein College of Medicine; Dr. Elizabeth Barrett-Connor, professor of Family Medicine and Public Health, University of California, San Diego; Dr. Frank Lowe, professor of urology, Albert Einstein College of Medicine; Dr. Martin Miner, co-director of the Men's Health Center, Miriam Hospital, Providence, RI, and associate professor of family medicine, Brown University; Dr. Michael Werner, medical director of the Maze Health Clinic; Dr. Thomas Perls, director of the New England Centenarian Study and professor of medicine, Boston University; Dr. Paul Turek, urologist and founder of the Turek Clinics; Hershel Raff, PhD, professor of medicine, surgery, and physiology and director of endocrine research, Medical College of Wisconsin; Dr. Elizabeth Wilson, professor of pediatrics, biochemistry, and biophysics, University of North Carolina; and Dr. James Dupree, assistant professor of urology, University of Michigan. Historical background comes from Arlene Weintraub, *Selling the Fountain of Youth: How the Anti-Aging Industry Made a Disease Out of Getting Old—And Made Billions* (New York: Basic Books: 2010).

194 **The dogs had sex:** Frank A. Beach, "Locks and Beagles," *American Psychologist* 24, no. 11 (1969): 971–89; Benjamin D. Sachs, "In Memoriam: Frank Ambrose Beach," *Psychobiology* 16, no. 4 (1988): 312–14.

195 **"Yes, manhood is chemical":** Paul de Kruif, *The Male Hormone* (New York: Harcourt, Brace, 1945), 107.

195 **others excoriated testosterone therapy:** W. O. Thompson, "Uses and Abuses of the Male Sex Hormone," *Journal of the American Medical Association* 132, no. 4 (1946): 185–88; Blakeslee, "Stimulant Found in Pituitary Powder."

196 **"If the hypothesis were confirmed":** Beach, "Locks and Beagles."

196 **the debate continues:** Andrea Busnelli et al., "'Forever Young'—Testosterone Replacement Therapy: A Blockbuster Drug Despite Flabby Evidence and Broken Promises," *Human Reproduction* 32, no. 4 (2017): 719–24.

197 **Dr. Fred Koch:** Alvaro Morales, "The Long and Tortuous History of the Discovery of Testosterone and Its Clinical Application," *Journal of Sexual Medicine* 10, no. 4 (2013): 1178–83.

197 **"It is our feeling that until more is known":** T. F. Gallagher and Fred C. Koch, "The Testicular Hormone," *Journal of Biological Chemistry* 84, no. 2 (1929): 495–500.

198 **"So to think of them as growth hormones":** Claudia Dreifus, "A Conversation with—Anne Fausto-Sterling; Exploring What Makes Us Male or Female," *New York Times*, January 2, 2001; Anne Fausto-Sterling, *Sexing the Body* (New York: Basic Books, 2000).

200 **The work was so groundbreaking:** "Science Finds Way to Produce Male Hormone Synthetically," *New York Herald Tribune*, September 16, 1935; "Chemist Produces Potent Hormone," *New York Times*, September 16, 1935; "Testosterone," *Time*, September 23, 1935.

200 **"all the testosterone the world needs":** "Testosterone," *Time*.

201 **direct-to-consumer drug advertisements:** Sarita Metzger and Arthur L. Burnett, "Impact of Recent FDA Ruling on Testosterone Replacement Therapy (TRT)," *Translational Andrology and Urology* 5, no. 6 (2016): 921–26. For an example of the news reports, see Julie Revelant, "10 Warning Signs of Low Testosterone Men Should Never Ignore," *Fox News Health*, July 18, 2016, http://www.foxnews.com/health/2016/07/18/10-warning-signs-low-testosterone-men-should-never-ignore.html.

202 **rebranded the syndrome "Low T":** August Werner, "The Male Climacteric," *Journal of the American Medical Association* 112, no. 15 (1939): 1441–43.

203 **"it's a crappy questionnaire":** Dr. John Morley, author interview.

203 **In a tell-all essay:** Stephen R. Braun, "Promoting 'Low T': A Medical Writer's Perspective," *JAMA Internal Medicine* 173, no. 15 (2013): 1458–60.

203 **ethics started to rattle him:** Stephen Braun, author interview.

203 **All of these tactics:** C. Lee Ventola, "Direct-to-Consumer Pharmaceutical Advertising: Therapeutic or Toxic?" *Pharmacy and Therapeutics* 36, no. 10 (2011): 669–84; Samantha Huo et al., "Treatment of Men for 'Low Testosterone': A Systematic Review," *PLOS ONE* 11, no. 9 (2016): e0162480.

203 **"suddenly it seemed as though the law:** Hoberman, *Testosterone Dreams*, 120.

204 **package inserts:** Metzger and Burnett, "Impact of Recent FDA Ruling."

204 **issued similar guidelines:** Shalender Bhasin et al., "Testosterone Therapy in Men with Androgen Deficiency Syndromes: An Endocrine Society Clinical Practice Guideline," *Journal of Clinical Endocrinology and Metabolism* 95, no. 6 (2010): 2536–59; Frederick Wu et al., "Identification of Late-Onset Hypogonadism in Middle-Aged and Elderly Men," *New England Journal of Medicine* 363, no. 2 (2010): 123–35; G. R. Dohle et al., "Guidelines on Male Hypogonadism," European Association of Urology, 2014, http://uroweb.org/wp-content/uploads/18-Male-Hypogonadism_LR1.pdf.

204 **Despite the FDA guidelines:** Joseph Scott Gabrielsen et al., "Trends in Testosterone Prescription and Public Health Concerns," *Urologic Clinics of North America* 43, no. 2 (2016): 261–71; Katherine Margo and Robert Winn, "Testosterone Treatments: Why, When, and How?" *American Family Physician* 73, no. 9 (2006): 1591–98.

204 **"a mass uncontrolled experiment":** L. M. Schwartz and S. Woloshin, "Low 'T' as in 'Template': How to Sell Disease," *JAMA Internal Medicine* 173, no. 15 (2013): 1460–62.

204 **Testosterone levels fluctuate:** W. J. Bremner et al., "Loss of Circadian Rhythmicity in Blood Testosterone Levels with Aging in Normal Men," *Journal of Clinical Endocrinology and Metabolism* 56, no. 6 (1983): 1278–81.

205 **Testosterone increases muscle mass:** Fred Sattler et al., "Testosterone and Growth Hormone Improve Body Composition and Muscle Performance in Older Men," *Journal of Clinical Endocrinology and Metabolism* 94, no. 6 (2009): 1991–2001.

205 **"any exogenous testosterone ":** Dr. Alexander Pastuszak, author interview.

205 **not a reliable contraceptive:** A. M. Matsumoto, "Effects of Chronic Testosterone Administration in Normal Men: Safety and Efficacy of High Dosage Testosterone and Parallel Dose-Dependent Suppression of Luteinizing Hormone, Follicle-Stimulating Hormone, and Sperm Production," *Journal of Clinical Endocrinology and Metabolism* 70, no. 1 (1990): 282–87.

205 **more likely to lose belly fat:** L. Frederiksen et al., "Testosterone Therapy Decreases Subcutaneous Fat and Adiponectin in Aging Men," *European Journal of Endocrinology* 166, no. 3 (2012): 469–76.

205 **cardiovascular problems:** Shehzad Basaria et al., "Adverse Events Associated with Testosterone Administration," *New England Journal of Medicine* 363, no. 2 (2010): 109–22; Shehzad Basaria et al., "Effects of Testosterone Administration for 3 Years on Subclinical Atherosclerosis Progression in Older Men with Low or Low-Normal Testosterone Levels: A Randomized Clinical Trial," *Journal of the American Medical Association* 314, no. 6 (2015): 570–81.

205 **Most of the studies:** P. J. Snyder et al., "Effects of Testosterone Treatment in Older Men," *New England Journal of Medicine* 374, no. 7 (2016): 611–24.

205 **giving testosterone to men with normal levels:** Felicitas Buena et al., "Sexual Function Does Not Change when Serum Testosterone Levels Are Pharmacologically Varied within the Normal Male Range," *Fertility and Sterility* 59, no. 5 (1993): 1118–23; Christina Wang et al., "Transdermal Testosterone Gel Improves Sexual Function, Mood, Muscle Strength, and Body Composition Parameters in Hypogonadal Men," *Journal of Clinical Endocrinology and Metabolism* 85, no. 8 (2000): 2839–53.

206 **"You don't see":** Dr. Shalender Bhasin, author interview.

206 **didn't enhance their female-seeking tendencies:** Darius Paduch et al., "Testosterone Replacement in Androgen-Deficient Men With Ejaculatory Dysfunction: A Randomized Controlled Trial," *Journal of Clinical Endocrinology and Metabolism* 100, no. 8 (2015): 2956–62; Snyder et al., "Effects of Testosterone Treatment in Older Men."

206 **no better than placebo:** S. M. Resnick et al., "Testosterone Treatment and Cognitive Function in Older Men With Low Testosterone and Age-Associated Memory Impairment," *Journal of the American Medical Association* 317, no. 7 (2017): 717–27.

206 **Dr. Joel Finkelstein:** Joel S. Finkelstein et al., "Gonadal Steroids and Body Composition, Strength, and Sexual Function in Men," *New England Journal of Medicine* 369, no. 11 (2013): 1011–22.

207 **PATH:** Partnership for the Accurate Testing of Hormones, "PATH Fact Sheet: The Importance of Accurate Hormone Tests," Endocrine Society, Washington DC, 2017.

207 **This harks back to the notion:** Eder, "The Birth of Gender," 83.

207 **"For some reason":** Dr. Mohit Khera, author interview. Mohit Khera et al., "Adult-Onset Hypogonadism," *Mayo Clinic Proceedings* 91, no. 7 (2016): 908–26. Mohit Khera, "Male Hormones and Men's Quality of Life," *Current Opinion in Urology* 26, no. 2 (2016): 152–57.

208 **articles slamming the Low-T industry:** Natasha Singer, "Selling That New-Man Feeling," *New York Times*, November 23, 2013; Sky Chadde, "How the Low T Industry Is Cashing in on Dubious, and Perhaps Dangerous, Science," *Dallas Observer*, November 12, 2014; Sarah Varney, "Testosterone, The Biggest Men's Health Craze Since Viagra, May Be Risky," *Shots: Health News from NPR*, April 28, 2014, http://www.npr.org/sections/health-shots/2014/04/28/305658501/prescription-testosterone-the-biggest-men-s-health-craze-since-viagra-may-be-ris.

210 **To become board-certified:** Rona Schwarzberg, educational advisor at the American Academy of Anti-Aging Medicine, author interview. https://www.a4m.com/certification-in-metabolic-and-nutritional-medicine.html.

210 **"these capitalists have constructed":** Weintraub, *Selling the Fountain of Youth*.

211 **two opposing opinion pieces:** Adriane Fugh-Berman, "Should Family Physicians Screen for Testosterone Deficiency in Men? No: Screening May Be Harmful, and Benefits Are Unproven" *American Family Physician* 91, no. 4 (2015): 227–28; J. J. Heidelbaugh, "Should Family Physicians Screen for Testosterone Deficiency in Men? Yes: Screening for Testosterone Deficiency Is Worthwhile for Most Older Men," *American Family Physician* 91, no. 4 (2015): 220–21.

211 **more than 5,000 men who claim:** Arlene Weintraub, "What's Next for the Thousands of Angry Men Suing Over Testosterone?," *Forbes* online, April 6, 2015, http://www.forbes.com/sites/arleneweintraub/2015/04/06/whats-next -for-the-thousands-of-angry-men-suing-over-testosterone/#7cd2401f4833; Arlene Weintraub, "AbbVie Challenges Fairness of Upcoming Testosterone Trials," *Forbes* online, August 17, 2015, https://www.forbes.com/sites/ arleneweintraub/2015/08/17/abbvie-challenges-fairness-of-upcoming -testosterone-trials/2b39e0113901; Arlene Weintraub, "Testosterone Suits Soar Past 2,500 as Legal Milestone Looms for AbbVie," *Forbes* online, October 30, 2015, http://www.forbes.com/sites/arleneweintraub/2015/10/30/testosterone -suits-soar-past-2500-as-legal-milestone-looms-for-abbvie/57c9501b1199; Arlene Weintraub, "Why All Those Testosterone Ads Constitute Disease Mongering," *Forbes* online, March 24, 2015, http://www.forbes.com/sites/ arleneweintraub/2015/03/24/why-all-those-testosterone-ads-constitute -disease-mongering/#629d9d585853.

211 **On July 24, a federal jury:** Lisa Schencker, "AbbVie Must Pay $150 Million over Testosterone Drug, Jury Decides," *Chicago Tribune*, July 24, 2017, http://www.chicagotribune.com/business/ct-abbvie-androgel-decision -0725-biz-20170724-story.html.

212 **"I was just shocked":** Dr. Peter Klopfer, author interview.

第13章　催产素：爱的感觉

This chapter is based on interviews with Dr. Peter Klopfer, professor emeritus of biology, Duke University; Dr. Cort Pedersen, professor of psychiatry and neurobiology, University of North Carolina; and Dr. Robert Froemke, associate professor of neuroscience, New York University, whose laboratory I visited. Gideon Nave, PhD, assistant professor of marketing, Wharton School, University of Pennsylvania, helped me sort through the statistics. Dr. Steve Chang, assistant professor of psychology and neurobiology, Yale University, talked to me about his work with monkeys and oxytocin; Dr. Jennifer Bartz, associate professor of psychology, McGill University, spoke with me about oxytocin and autism. I also interviewed Dr. Michael Platt, professor of anthropology, University of Pennsylvania, and Dr. James Higham, principal investigator in primate reproductive ecology and evolution, New York University.

216　**"I was, frankly, not at all attracted":** John G. Simmons, "Henry Dale: Discovering the First Neurotransmitter," chapter in *Doctors and Discoveries: Lives that Created Today's Medicine* (Boston: Houghton Mifflin Harcourt, 2002), 238–427.

217　**and earned Dale a Nobel Prize:** H. O. Schild, "Dale and the Development of Pharmacology: Lecture given at Sir Henry Dale Centennial Symposium, Cambridge, 17–19 September 1975," *British Journal of Pharmacology* 120, Suppl. 1 (1997): 504–8; www.nobelprize.org/nobel_prizes/medicine/laureates/1936/dale-bio.html.

217　**"The pressor principle":** Sir Henry Dale, "On Some Physiological Aspects of Ergot," *Journal of Physiology* 34, no. 3 (1906):163–206.

218　**link to breast milk:** Mavis Gunther, "The Posterior Pituitary and Labour," letter to the editor, *British Medical Journal* 1948, no. 1: 567.

219　**a goat study by Peter Klopfer:** Peter H. Klopfer, "Mother Love: What Turns It On? Studies of Maternal Arousal and Attachment in Ungulates May Have Implications for Man," *American Scientist* 59, no. 4 (1971): 404–7.

220　**expand his mother-newborn studies:** David Gubernick and Peter H. Klopfer, eds., *Parental Care in Mammals* (New York: Plenum Press, 1981).

220　**a balloon-like contraption:** Klopfer, "Mother Love."

220　**University of Cambridge team:** E. B. Keverne et al., "Vaginal Stimulation: An Important Determinant of Maternal Bonding in Sheep," *Science* 219, no. 4580 (1983): 81–83.

221　**an oxytocin expert:** M. L. Boccia et al., "Immunohistochemical Localization of Oxytocin Receptors in Human Brain," *Neuroscience* 253 (2013): 155–64; Cort Pedersen et al., "Intranasal Oxytocin Blocks Alcohol Withdrawal in Human Subjects," *Alcoholism: Clinical and Experimental Research* 37, no. 3 (2013): 484–89; Cort A. Pedersen, *Oxytocin in Maternal, Sexual and Social Behaviors* (New York: New York Academy of Sciences, 1992).

221　**as if they were trying to breastfeed:** Dr. Cort Pedersen, author interview.

222　**Further experiments:** C. A. Pedersen et al., "Oxytocin Antiserum Delays Onset of Ovarian Steroid-Induced Maternal Behavior," *Neuropeptides* 6, no. 2 (1985): 175–82; E. van Leengoed, E. Kerker, and H. H. Swanson, "Inhibition of Postpartum Maternal Behavior in the Rat by Injecting an Oxytocin Antagonist into the Cerebral Ventricles," *Journal of Endocrinology* 112, no. 2 (1987): 275–82.

222　**remained aloof:** Pedersen, *Oxytocin in Maternal, Sexual and Social Behaviors.*

222　**but not actual sexual performance:** D. M. Witt et al., "Enhanced Social Interactions in Rats Following Chronic, Centrally Infused Oxytocin," *Pharmacology Biochemistry and Behavior* 43, no. 3 (1992): 855–61.

223　**Sue Carter:** C. S. Carter and L. L. Getz, "Monogamy and the Prairie Vole," *Scientific American* 268, no. 6 (1993): 100–6.

223　**Stanford University scientists:** M. S. Carmichael et al., "Plasma Oxytocin

Increases in the Human Sexual Response," *Journal of Clinical Endocrinology and Metabolism* 64, no. 1 (1987): 27–31.

223 **oxytocin prompted feelings of peacefulness:** C. S. Carter, *Hormones and Sexual Behavior* (Stroudsburg, PA: Dowden, Hutchinson & Ross, 1974).

223 **Other studies suggest:** A. S. McNeilly et al., "Release of Oxytocin and Prolactin in Response to Suckling," *British Medical Journal* (*Clinical Research Edition*) 286, no. 6361 (1983): 257–59.

223 **The really dramatic experiment:** M. M. Kosfeld et al., "Oxytocin Increases Trust in Humans," *Nature* 435, no. 7042 (2005): 673–76.

224 **"the moral molecule":** P. J. Zak, *The Moral Molecule: How Trust Works* (New York: Plume, 2013); V. Noot, *35 Tips for a Happy Brain: How to Boost Your Oxytocin, Dopamine, Endorphins, and Serotonin* (CreateSpace, 2015).

225 **Zak once blogged:** Paul. J. Zak, "Why Love Sometimes Sucks," *Huffington Post*, December 5, 2012, http://www.huffingtonpost.com/paul-j-zak/why-love-sometimes-sucks_b_1504253.html.

225 **"What we're left with":** Ed Yong, "The Weak Science Behind the Wrongly Named Moral Molecule," *Atlantic*, November 13, 2015.

225 **"It's a great story":** Gideon Nave, author interview.

226 **"It is pathetic":** Hans Lisser to Dr. Cushing, July 19, 1921.

227 **careful studies of oxytocin:** B. J. Marlin et al., "Oxytocin Enables Maternal Behaviour by Balancing Cortical Inhibition," *Nature* 520, no. 7548 (2015): 499–504; Helen Shen, "Neuroscience: The Hard Science of Oxytocin," *Nature* 522, no. 7557 (2015): 410–12; Marina Eliava et al., "A New Population of Parvocellular Oxytocin Neurons Controlling Magnocellular Neuron Activity and Inflammatory Pain Processing," *Neuron* 89, no. 6 (2016): 1291–1304.

227 **zeroing in on the precise location:** Michael Numan and Larry J. Young, "Neural Mechanisms of Mother–Infant Bonding and Pair Bonding: Similarities, Differences, and Broader Implications," *Hormones and Behavior* 77 (2016): 98–112; Shen, "Neuroscience: The Hard Science of Oxytocin."

227 **Froemke's work built on:** McNeilly et al., "Release of Oxytocin and Prolactin in Response to Suckling."

228 **tap its potential:** Robert C. Liu, "Sensory Systems: The Yin and Yang of Cortical Oxytocin," *Nature* 520, no. 7548 (2015): 444–45.

第14章 蜕变：跨性别者的选择

This chapter is based on interviews with Mel Wymore and shaped by discussions with others in the transgender community. I also interviewed clinicians including Dr. Joshua Safer, Dr. Anisha Patel, Dr. Susan Boulware, Leslie Henderson, PhD, and Dr. Jack Turban. Dr. Howard W. Jones, Jr., and Claude Migeon provided details on the early days of transgender therapy. For background I consulted Joanne Meyerowitz, *How Sex Changed: A History of Transsexuality in the United States* (Cambridge, MA: Harvard University Press, 2004) and several memoirs: Jenny Boylan, *She's Not There: A Life in Two Genders* (New York: Broadway Books, 2013); Amy Ellis Nutt, *Becoming Nicole: The Transformation of an American Family* (New York: Random House, 2015); Julia Serrano, *Whipping Girl: A Transsexual Woman on Sexism and the Scapegoating of Femininity* (Berkeley, CA: Seal Press: 2007); Pagan Kennedy, *The First Man-Made Man* (New York: Bloomsbury, 2007); Christine Jorgensen, *Christine Jorgensen: A Personal Autobiography* (New York: Bantam, 1968), and Andrew Solomon, "Transgender," chapter 11 in *Far From the Tree* (New York: Scribner, 2012), 599–676.

231　**between 0.3 and 0.6 percent of people:** Sari L. Reisner et al., "Global Health Burden and Needs of Transgender Populations: A Review," *Lancet* 388, no. 10042 (2016): 412–36.

231　**1.4 million transgender Americans:** https://williamsinstitute.law.ucla.edu/wp-content/uploads/How-Many-Adults-Identify-as-Transgender-in-the-United-States.pdf.

231　**spate of media:** As well as the books mentioned above: Deirdre W. McCloskey, *Crossing: A Memoir* (Chicago: University of Chicago Press, 1999); Max Wolf Valerio, *The Testosterone Files* (Berkeley, CA: Seal Press: 2006); Jamison Green, *Becoming a Visible Man* (Nashville: Vanderbilt University Press, 2004). Documentaries include *Gender Revolution: A Journey with Katie Couric*, National Geographic, 2017. Articles include Rachel Rabkin Peachman, "Raising a Transgender Child," *New York Times Magazine*, January 31, 2017, and Hannah Rosin, "A Boy's Life," *Atlantic*, November 2008. See also Jill Soloway's television series *Transparent*.

231　**The rise of plastic surgery in the early twentieth century:** Felix Abraham, "Genitalumwandlungen an zwei männlichen Transvestiten," *Zeitschrift für Sexualwissenschaft und Sexualpolitik* 18 (1931): 223–26, describes operations at the Institute for Sexual Science, founded by Magnus Hirchfield, and described in Meyerowitz, *How Sex Changed*. The story of Danish painter Lili Elbe was told in the 2015 film *The Danish Girl*.

231　**The big difference between then and now:** Wylie C. Hembree et al., "Endocrine Treatment of Gender-Dysphoric/Gender-Incongruent Persons: An Endocrine Society Clinical Practice Guideline," *Journal of Clinical Endocrinology and Metabolism* 102, no. 11 (2017): 3869–903.

232　**"Ex-GI Becomes Blonde Beauty":** *New York Daily News*, December 1, 1952.

233　**"Could the transition":** Jorgensen, *Christine Jorgensen*, 72.

234　**front-page story:** "Surgery Makes Him a Woman," *Chicago Daily Tribune*, December 1, 1952.

234　**"I mean are you interested":** United Press, "My Dear, Did You Hear About My Operation?" *Austin Statesman*, December 2, 1952.

234　**"I somehow skyrocketed":** Jorgensen, *Christine Jorgensen*, 218.

234　***The Transsexual Phenomenon:*** Dr. Harry Benjamin, *The Transsexual Phenomenon* (New York: Julian Press, 1966).

235 **"it is a possibility"**: Harry Benjamin, introduction to Jorgensen, *Christine Jorgensen*, x.

236 **Money's central tenets:** see chapter 7, p. 114.

236 **Nowadays, scientists:** Leslie Henderson, PhD, and Dr. Joshua Safer, author interviews. See also Margaret M. McCarthy and A. P. Arnold, "Reframing Sexual Differentiation of the Brain," *Nature Neuroscience* 14, no. 6 (2011): 677–83; S. A. Berenbaum and A. M. Beltz, "Sexual Differentiation of Human Behavior: Effects of Prenatal and Pubertal Organizational Hormones," *Frontiers in Neuroendocrinology* 32, no. 2 (2011): 183–200; I. Savic, A. Garcia-Falgueras, and D. F. Swaab, "Sexual Differentiation of the Human Brain in Relation to Gender Identity and Sexual Orientation," *Progress in Brain Research* 186 (2010): 41-62; and Elke Stefanie Smith et al., "The Transsexual Brain—A Review of Findings on the Neural Basis of Transsexualism," *Neuroscience and Biobehavioral Reviews* 59 (2015): 251–66.

236 **classic 1959 study:** Charles Phoenix et al., "Organizing Action of Prenatally Administered Testosterone Propionate on the Tissues Mediating Mating Behavior in the Female Guinea Pig," *Endocrinology* 65 (1959): 369–82, reprinted in *Hormonal Behavior* 55, no. 5 (2009): 566.

237 **"People, even some scientists":** Leslie Henderson, PhD, author interview.

237 **Further rodent studies:** For a thorough recent review see Margaret M. McCarthy, "Multifaceted Origins of Sex Differences in the Brain," *Philosophical Transactions of the Royal Society B* 371, no. 1688 (2016).

238 **"It seems pretty clear":** Dr. Joshua Safer, author interview.

242 **Doctors keep an eye on other hormone side effects:** Ibid. On the influence of hormone treatment on serotonin receptors, which may influence depression, see G. S. Kranz et al., "High-Dose Testosterone Treatment Increases Serotonin Transporter Binding in Transgender People," *Biological Psychiatry* 78, no. 8 (2015): 525–33. On the impact of hormone therapy on transgender patients, see Cécile A. Unger, "Hormone Therapy for Transgender Patients," *Translational Andrology and Urology* 5, no. 6 (2016): 877–84.

242 **The most recent Endocrine Society guidelines:** Hembree et al., "Endocrine Treatment of Gender-Dysphoric/Gender-Incongruent Persons."

245 **More than 40 percent:** Ibid.; Ann P. Haas, PhD, et al., "Suicide Attempts Among Transgender and Gender Non-Conforming Adults," Williams Institute, https://williamsinstitute.law.ucla.edu/wp-content/uploads/AFSP-Williams-Suicide-Report-Final.pdf.

第15章　下丘脑：无可救药的肥胖

This chapter is based on extensive interviews with Karen Snizek and interviews with Dr. Rudolph L. Leibel, professor of pediatrics and medicine at the Institute of Human Nutrition, Columbia University College of Physicians and Surgeons;

Dr. Jeffrey M. Friedman, director of the Starr Center for Human Genetics, Rockefeller University; and Sir Stephen O'Rahilly, Professor of Clinical Biochemistry and Medicine, University of Cambridge, and his colleague I. Sadaf Farooqi, a specialist in metablism and medicine, who are at the forefront of drug research. I also interviewd Dr. Gerald Schulman, professor of cellular and molecular physiology, Yale University; Dr. Frank Greenway, medical director of the outpatient clinic, Pennington Biomedical Research, Baton Rouge, LA; and Dr. Jennifer Miller of the University of Florida.

247　**Rats don't vomit:** Ruth B. S. Harris, "Is Leptin the Parabiotic 'Satiety' Factor? Past and Present Interpretations," *Appetite* 61, no. 1 (2013): 111–18. For further information on rats and vomiting see Charles C. Horn et al., "Why Can't Rodents Vomit? A Comparative Behavioral, Anatomical, and Physiological Study," *PLOS One*, April 10, 2013.

248　**a stunningly simple yet quirky experiment:** G. R. Hervey, "The Effects of Lesions in the Hypothalamus in Parabiotic Rats," *Journal of Physiology* 145, no. 2 (1959): 336–52; G. R. Hervey, "Control of Appetite: Personal and Departmental Recollections," *Appetite* 61, no. 1 (2013): 100–10.

249　**hunt for the elusive substance:** Ellen Rupel Shell, *The Hungry Gene: The Inside Story of the Obesity Epidemic* (New York: Grove Press, 2003); "Douglas Coleman: Obituary," *Daily Telegraph*, April 17, 2014.

249　**cholecystokinin:** E. Straus and R. S. Yalow, "Cholecystokinin in the Brains of Obese and Nonobese Mice," *Science* 203, no. 4375 (1979): 68–69.

249　**proved her wrong:** B. S. Schneider et al., "Brain Cholecystokinin and Nutritional Status in Rats and Mice," *Journal of Clinical Investigation* 64, no. 5 (1979): 1348–56.

250　**In 1994, inspired by Coleman's work:** Y. Zhang et al., "Positional Cloning of the Mouse Obese Gene and Its Human Homologue," *Nature* 372, no. 6505 (1994): 425–32.

251　**"We didn't appreciate":** Dr. Rudy Leibel, author interview.

251　**sparked a sensation:** Tom Wilkie, "Genes, Not Greed, Make You Fat," *Independent*, December 1, 1994; Natalie Angier, "Researchers Link Obesity in Humans to Flaw in a Gene," *New York Times*, December 1, 1994.

251　**"so when leptin is low":** Dr. Jeffrey Friedman, author interview.

253　**Thanks to research:** L. G. Hersoug et al., "A Proposed Potential Role for Increasing Atmospheric CO_2 as a Promoter of Weight Gain and Obesity," *Nutrition and Diabetes* 2, no. 3 (2012): e31.

253　**Endocrinologists are joining forces:** Anthony P. Coll et al., "The Hormonal Control of Food Intake," *Cell* 129, no. 2 (2007): 251–62.

253　**germs may give us a tendency to gain weight:** Dorien Reijnders et al., "Effects of Gut Microbiota Manipulation by Antibiotics on Host Metabolism in Obese Humans: A Randomized Double-Blind Placebo-Controlled Trial," *Cell Metabolism* 24, no. 1 (2016): 63–74.

253 **thorough understanding of hunger:** Ilseung Cho and Martin J. Blaser, "The Human Microbiome: At the Interface of Health and Disease," *Nature Reviews Genetics* 13, no. 4 (2012): 260–70; Torsten P. M. Scheithauer et al., "Causality of Small and Large Intestinal Microbiota in Weight Regulation and Insulin Resistance," *Molecular Metabolism* 5, no. 9 (2016): 759–70.

253 **air pollution:** Y. Wei et al., "Chronic Exposure to Air Pollution Particles Increases the Risk of Obesity and Metabolic Syndrome: Findings from a Natural Experiment in Beijing," *FASEB Journal* 30, no. 6 (2016): 2115–22.

253 **industrial chemicals:** G. Muscogiuri et al., "Obesogenic Endocrine Disruptors and Obesity: Myths and Truths," *Archives of Toxicology*, October 3, 2017, https://doi.org/10.1007/s00204-017-2071-1; K. A. Thayer, J. J. Heindel, J. R. Bucher, and M. A. Gallo, "Role of Environmental Chemicals in Diabetes and Obesity: A National Toxicology Program Workshop Review," *Environmental Health Perspectives* 120 (2012): 779–89.

254 **weight loss surgery:** Valentina Tremaroli et al., "Roux-en-Y Gastric Bypass and Vertical Banded Gastroplasty Induce Long-Term Changes on the Human Gut Microbiome Contributing to Fat Mass Regulation," *Cell Metabolism* 22, no. 2 (2015): 228–38.

254 **less efficient calorie burners:** Wendee Holtcamp, "Obesogens: An Environmental Link to Obesity," *Environmental Health Perspectives* 120, no. 2 (2012): a62–a68; David Epstein, "Do These Chemicals Make Me Look Fat?" *ProPublica*, October 11, 2013; Jerrold Heindel, "Endocrine Disruptors and the Obesity Epidemic," *Toxicological Sciences* 76, no. 2 (2003): 247–49.

254 **feeding the obesity epidemic:** Yann C. Klimentidis et al., "Canaries in the Coal Mine: A Cross-Species Analysis of the Plurality of Obesity Epidemics," *Proceedings of the Royal Society B: Biological Sciences*, 2010, doi: 10.1098/rspb.2010.1890.